U0275695

广州地铁十三号线官湖车辆段上盖TOD综合开发创新与实践

广州地铁设计研究院股份有限公司　组织编写
何　坚　翁德耀　邱杰明　主　　编

中国建筑工业出版社

图书在版编目（CIP）数据

广州地铁十三号线官湖车辆段上盖TOD综合开发创新与实践 / 广州地铁设计研究院股份有限公司组织编写；何坚，翁德耀，邱杰明主编．—北京：中国建筑工业出版社，2023.11
ISBN 978-7-112-29339-1

Ⅰ．①广… Ⅱ．①广… ②何… ③翁… ④邱… Ⅲ．①地下铁道车站—商业建筑—建筑设计—广州 Ⅳ．①TU921②TU247

中国国家版本馆CIP数据核字（2023）第214044号

责任编辑：曾　威
书籍设计：锋尚设计
责任校对：王　烨

广州地铁十三号线官湖车辆段上盖TOD综合开发创新与实践
广州地铁设计研究院股份有限公司　组织编写
何　坚　翁德耀　邱杰明　主编

*

中国建筑工业出版社出版、发行（北京海淀三里河路9号）
各地新华书店、建筑书店经销
北京锋尚制版有限公司制版
天津裕同印刷有限公司印刷

*

开本：787毫米×1092毫米　1/12　印张：14⅔　字数：401千字
2024年5月第一版　2024年5月第一次印刷
定价：**188.00**元
ISBN 978-7-112-29339-1
（42018）

《广州地铁十三号线官湖车辆段上盖 TOD 综合开发创新与实践》

编审委员会

主　编：何　坚　翁德耀　邱杰明

副主编：王　建　伍永胜　林　珊　徐　宇　李　恩

主　审：农兴中　王迪军　雷振宇　刘忠诚　赵羊洋

审　查：刘东铭　李凤麟　黄凤至　周海成　胡展鸿

编　写：邰惠芳　黄昱华　梅沈斌　王红燕　王佳民

罗景年　梁杰发　陆　云　杨鹏浩　潘城志

孙梦岩　骆志成　郭昶诗　叶劲翔　廖绪立

刘力瑜　罗邦发　刘爱国　黄妙英　张俊伟

前　言

官湖车辆段上盖开发项目为广州地区首批车辆段上盖开发预留项目，同时也是广州地铁首例落地实施二级开发建设的上盖项目。在缺少成熟经验和相关政策准备的情况下，我们完成了从线网规划的前期论证到土地整理和二级开发的全过程实践。实践的过程，是探索、摸索、解锁的过程，积累了丰富的经验。

在项目实践中，我们着重思考如何实现城市发展和地铁建设的双线并进。一方面，项目定位高度契合城区规划，成为广州城市战略的有力支撑。通过地铁这个城市生命线连接增城片区和中心城区，解决“产、居”分设的痛点。同时项目建设中，充分解决好全龄、全场景居住区设施和配套保障。激活片区发展动力，完成对周边城市片区的品质提升。

在广州 TOD 发展历程中，本项目是“十二五”规划期间地铁上盖综合开发的重要试点，是广州 TOD3.0“站城一体化”的代表作之一。本项目在落实上位规划、完善市政基础建设、带动片区发展、反哺地铁建设等方面的成功经验，验证了以 TOD 为导向进行城市更新思路的正确性，为广州地区轨道交通建筑集约用地及功能融合开创了先河，成为广州开展站城一体化开发的示范区、样板地。

目　录

主入口及图书馆夜景

Welcome
Home
以心筑家
以爱相伴
Fanlao

场地西南方向视角

地块与西侧茅山大道关系

主入口节点

上盖住宅组团

图书馆及下沉庭院实景

ORIENTED
DEVELPOMENT
Haier home
海尔全屋家居
全屋定制
智慧家庭

24
HOURS小时
有温度的
小麦铺
Welcome
XIAOMAI
麦东东
好东东
ZERO FITNESS STUDIO
主会场

中心商业商家入驻实景

一期建成区域鸟瞰

一期建成区域视角

教育配套——小学部（九年一贯制）

1 概况

1.1 技术创新
1.2 项目概况
1.3 项目特点

以心筑家
以爱相伴

1.1 技术创新

1. 联动设计

盖上与盖下联动优化，降本增效。盖下腾挪功能房间，创造更多白地，保证开发量。腾挪轨道，保证盖上合理布局和结构落位。上盖规划充分考虑开发效益的同时，调整结构形式，适配盖下布局特点。利用盖下咽喉区和大跨检修库区，设置低层商业和教育配套等，实现最大开发效益。

2. 工艺优化

为开展上盖开发，对盖下工艺进行优化：（1）整车喷漆工艺优化为贴膜工艺，降低了火灾危险性，解决综合开发的消防问题；（2）吹扫工艺优化为清扫工艺，减少空气粉尘污染对盖上空气环境影响；（3）管线工艺优化，降低层高。工艺优化精简了盖下工序，减少了污染，降低了开发成本。

3. 结构技术

广州首个车辆段上盖超限高层项目：结构高度 120m，同时期国内最高 TOD。上盖减振降噪设计措施：轨道减振且与主体分离。超长盖板专项设计：减少变形缝对盖下地铁运营影响。

4. 绿色节能

贯彻绿色理念：以人为本、花园社区；绿色节能、健康生态。争取最佳通风采光的布局，合理利用地下空间，采用盖上污水处理系统、内置百叶中空玻璃等节能降噪措施，达到节能、环保、生态的目标。

本项目作为广州首个超大型上盖居住小区荣获第十一届（2023-2024 年度）“广厦奖”。

1.2 项目概况

官湖车辆段上盖 TOD 综合开发项目

总用地面积：约 41.7 万 m^2（可建设 32.4 万 m^2）
盖板面积：约 20 万 m^2
总建筑面积：138.8 万 m^2
计容建筑面积：87.7 万 m^2
容积率：2.81

开发类型：高层住宅、配套商业
广州首个超大型上盖居住小区
荣获第十一届（2023-2024 年度）“广厦奖”

官湖车辆段上盖项目位于广州新塘镇官湖村，地铁十三号线官湖站南侧属轨道交通十三号线首期工程官湖车辆段用地范围。

项目本着集约用地、促进城市区域发展的原则，在地铁车辆段上盖建设住宅及相应配套设施，更好地推进以 TOD 为导向的城市更新和建设。

车辆段及其盖板，于 2017 年前完成建设并投入运营，并于 2017 年 12 月完成土地出让。上盖二级开发于 2018 年开工建设。上盖开发总建筑面积为 138.8 万 m^2，属超大型上盖住宅开发项目。

主入口及中心商业夜景

项目区位

项目距离广州市中心约 40km，距离深圳约 80km。毗邻官湖、新沙双地铁站，北侧为湿地公园。

道路交通条件：地块周边路网总体呈方格网形布置，西侧茅山大道高架平接盖板车库，可便利外接东部要道和连接东莞、深圳等周边城市。

地铁交通条件：双线双站，用地北侧约 250m 为官湖站（十三号线及二十三号线），用地东侧约 400m 为新沙站（十三号线）。一站到达大湾区核心交通枢纽新塘 TOD，40 分钟直达珠江新城。

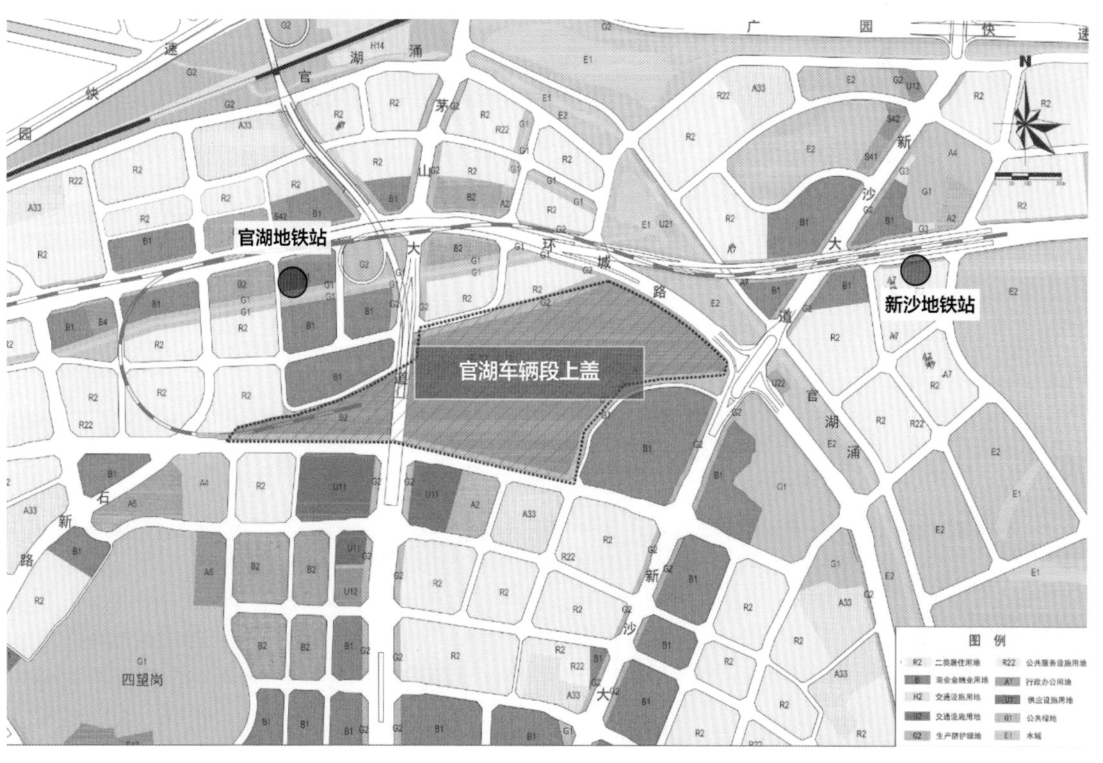

项目规模

官湖地块是 2017 年以来广州公开出让的总价最高、面积最大的商住用地。

计容面积高达 87.7 万 m^2，容积率≤ 2.81，建筑限高≤ 120m。规划人口超 2.5 万人，并且配建超 5.2 万 m^2 的公共服务及市政配套设施。包括配套商业、阅览室等，教育资源包括 18 班幼儿园、42 班小学、18 班初中等。

Delight
Knowledg
Reading
Confi ence
Share
Happiness
Joy
Learn
Hunour

项目定位

1. 上位规划：发展战略桥头堡

增城区是广州城市战略的目的地。十三号线作为城市东西骨干线路，连接天河 CDB 和增城新塘所在的东部高新技术产业带。官湖车辆段综合开发项目，能够支持区域的定位和发展，是城市战略的有力支撑。

2. 区域规划：片区级服务中心

官湖所在片区现状开发程度低，区域居住配套欠缺，城市基础设施不足，与其预期的发展定位不匹配。官湖车辆段综合开发项目，由于其业态以居住功能和生活配套为主，故可补足片区配套，提高宜居性。

区位价值	配套价值	景观价值	产品价值
城市发展方向 发展战略桥头堡 双地铁上盖 东部高新技术产业带	生活配套齐全 全龄教育 东部交通枢纽 多条地铁线路 穗莞深城轨	台地之上 大城大景观	地铁・越秀强强联合 更懂广州的产品 30 年大成之作

广州东・地铁上・全龄教育・复合大城

轨交综合开发的背景与历程

1. 轨交综合开发的背景

近年来，轨道交通伴随城市化的脚步迅速发展，但同时也出现了城市建设和发展模式的问题：

（1）轨道交通建设过程中财政负荷大，需要探索可持续的发展模式和新的投融资模式；

（2）传统地铁车辆段基地功能单一、占地规模大，造成城市割裂。

轨道交通综合开发，通过城市设计的手段，优化土地利用结构，提升土地利用率，提升土地价值，产生综合收益，是解决以上问题的发展思路。

2. 广州 TOD 的发展历程

广州轨交综合开发的发展历程，以广州地铁集团为主导，不断探索、实践、跨越，可总结为四种开发模式：

（1）“单站”TOD1.0 模式（1992—2010）

合作开发，代表项目：动漫星城。

（2）“站楼一体”TOD2.0 模式（2010—2017）

自主开发，代表项目：万胜广场，地铁金融城等。

（3）“站城一体”TOD3.0 模式（2017—2020）

合作开发，代表项目：官湖、萝岗、陈头岗、镇龙、水西、白云湖等。

（4）“站城产人文一体”TOD4.0 模式（2020— 现在）

多种开发并举，代表项目：白云（棠溪）站场综合体等。

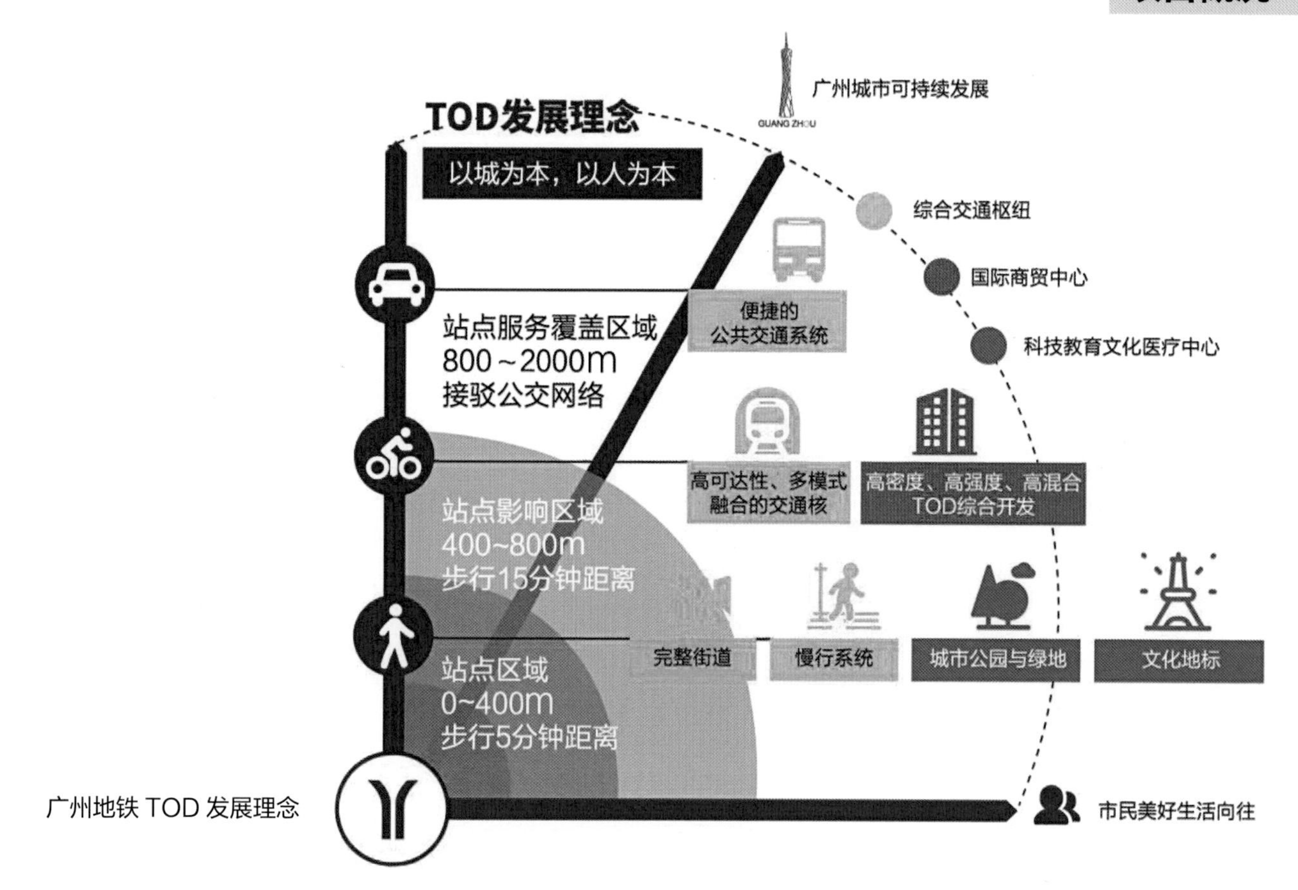

广州地铁 TOD 发展理念

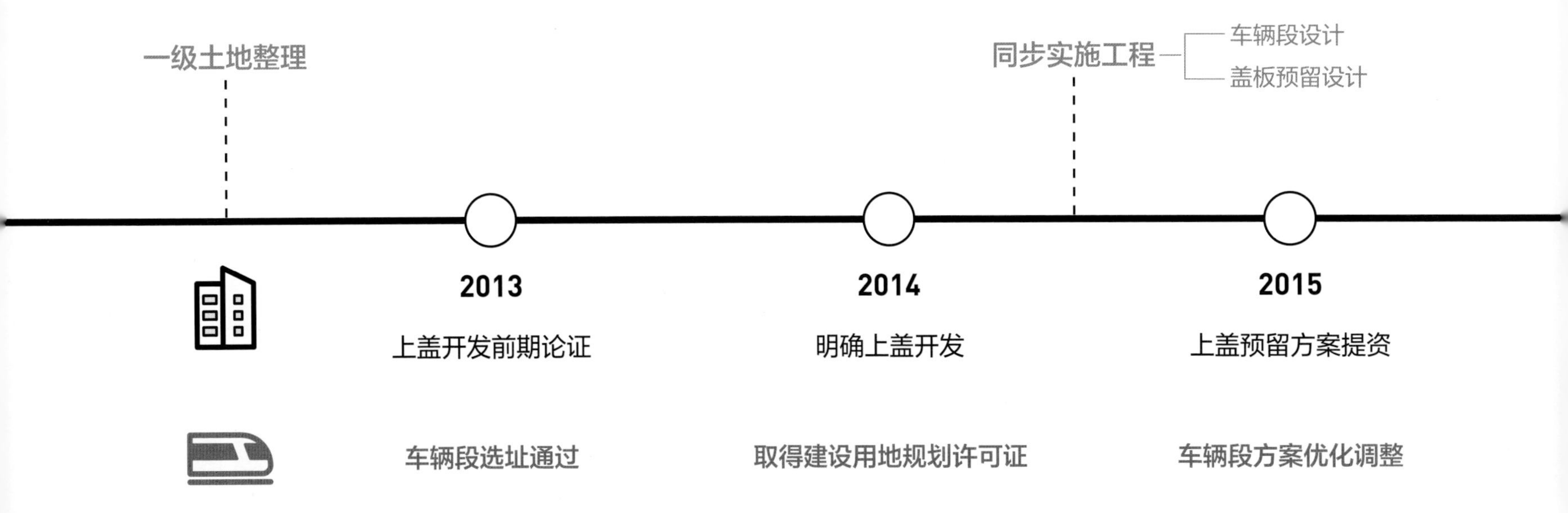

设计历程

摸索、探索、解锁

从 2013 年 TOD 综合开发前期研究至 2023 年开发综合体竣工，我们坚守初心，积极落实完成广州 TOD 场段综合开发政策的实践，作为设计总体统筹实现本项目多层次 TOD 融合发展，通过全要素精细化设计打造“全链条、全过程、全方位”的一体化 TOD 设计模式，成为广州站城一体化理念发展的开拓者、践行者和创新者。

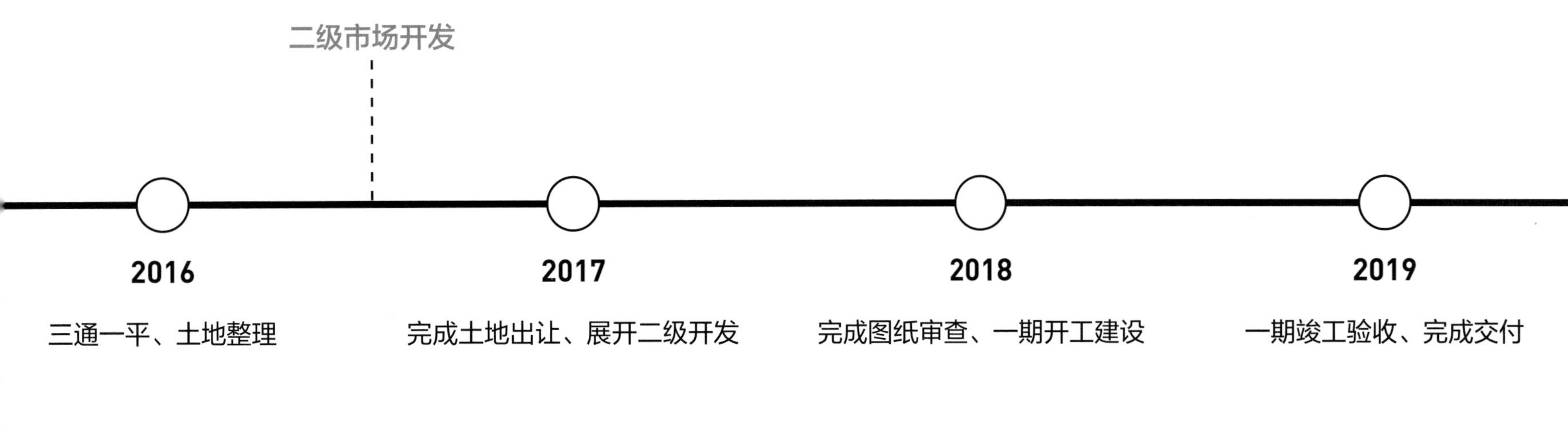

1. 一级土地整理——双线并进的摸索

TOD 综合开发以综合交通体系及其城市空间融合协调发展模式为主要关注重点。我们在广州地铁线网发展资源优化的阶段开始摸索 TOD 开发土地集约与土地整理模式，开展多元策划分析、优化城市空间、开发前期论证、控制性规划调整等工作。

2. 同步实施工程——一体化的探索

在取得 TOD 土地整理立项、工程可行性研究报告批复后，采用假设开发法进行多元优化、TOD 开发方案推导及技术探索，实现车辆段与上盖开发同步完成修建性详细规划，配合土地出让完成上盖初步设计，统筹完成车辆段同步建设开发预留主体结构与市政设施等工作。

3. 二级市场开发——开发实施的解锁

土地出让后，根据联合开发的市场更新策划，开展 TOD 深化设计及施工图设计，落实各项 TOD 复合功能与指标，提升综合开发效能，并融合车辆段运营、开发运营的资源共享，实现轨道交通与城市空间深度融合的双线可持续发展。

1.3 项目特点

项目特点一：整合资源 启动城市

对内——汇聚人气、全景社区
发挥 TOD 项目整合资源的优势

汇聚人气，打造热点

人气是城市运作的热量。汇聚人气，为社区注入热量，是 TOD 项目的天然优势。

人气和功能、场所的结合，形成城市的热点目的地。

工作、生活、教育、休闲全场景

以 TOD 为依托，扩大半小时生活圈，丰富了社区生活的场景。

工作：背靠地铁交通枢纽，半小时可达珠江新城。

生活：社区商业、社区图书馆，15 分钟可达凯达尔商业圈。

教育：幼儿园、华附九年一贯制中小学、社区文化馆等，实现了全龄教育、人文社区。

休闲：毗邻湿地公园、园林式小区。

对外——城市启动器
发挥 TOD 项目带动区域发展的作用

完成 TOD 项目的责任和使命，以点带面，促进区域发展。

交通：完善城市道路网络。

界面：柔化城市界面、提供开放空间。

配套：补充城市缺失功能。

景观：延续城市绿色轴线。

项目特点二：绿色节能 健康生态

按照广东省绿色住区二星标准设计

设计理念

以人为本，花园社区；绿色节能，健康生态。

以人为本

（1）场地的利用，在2.81的高容积率下，仍然通过高层高度的充分利用，降低建筑密度，提升住区绿地率，使生态效益最大化。

（2）完善的住区公共服务设施，满足居民日益提高的物质和精神文化需求。

花园社区

（1）立面与景观相协调：配合建筑立面风格的主调，景观方面加强园林的仪式感。

（2）建筑高差与景观相协调：配合建筑高差，设计立体园林和空中花园，丰富景观层次。

（3）架空首层与景观相协调：合理利用地下空间，开放架空层作为小区的公共活动空间，与景观结合设计，实现推窗见绿，出门入园。

绿色节能

（1）建筑布局在满足规划条件及规范要求的前提下，南北朝向布置，扩大楼间距，获得良好的采光通风。控制建筑体形系数≤ 0.4，减少能耗。

（2）采取双层玻璃、内置中空百叶等措施，有效节能、降噪。

（3）制定合理的水系统规划方案，统筹利用水资源。

健康生态

慢行系统、健身步道，引导健康生活。

角落 自然融合生活
主题园林 让缤纷生活更多选择
小区
来从容未来

中心商业、社区主入口

项目特点三：空中城市 立体衔接

物业开发置于车辆段盖板之上，开发主体形成了一个空中城镇，呈现出高差丰富、多首层联动的空间特点。本项目从多个方面消除高差带来的影响。

（1）结合开敞空间与电扶梯，形成节奏舒适的步行引导系统；

（2）遍布整个社区，体系完整、细节完善的无障碍设计；

（3）结合高差，创造有特色的空间设计、景观设计；

（4）结合交通专项设计，规划不同功能的立体交通、分层衔接。

项目特点四：属性不同、工期不同、设计协同

轨交综合开发项目，最基本的特征是“轨交 + 物业”，完全不同属性功能的竖向叠合。虽然功能不同、权属不同、工期不同，但是结构相连、共用盖板。

需要具有轨交运营经验的单位牵头，协调上下主体进行协同设计，实现从前期策划到市场开发的全程统筹。

确保盖上与盖下设计的合理性，确保从前期到建设期的设计连续性，保证开发质量。

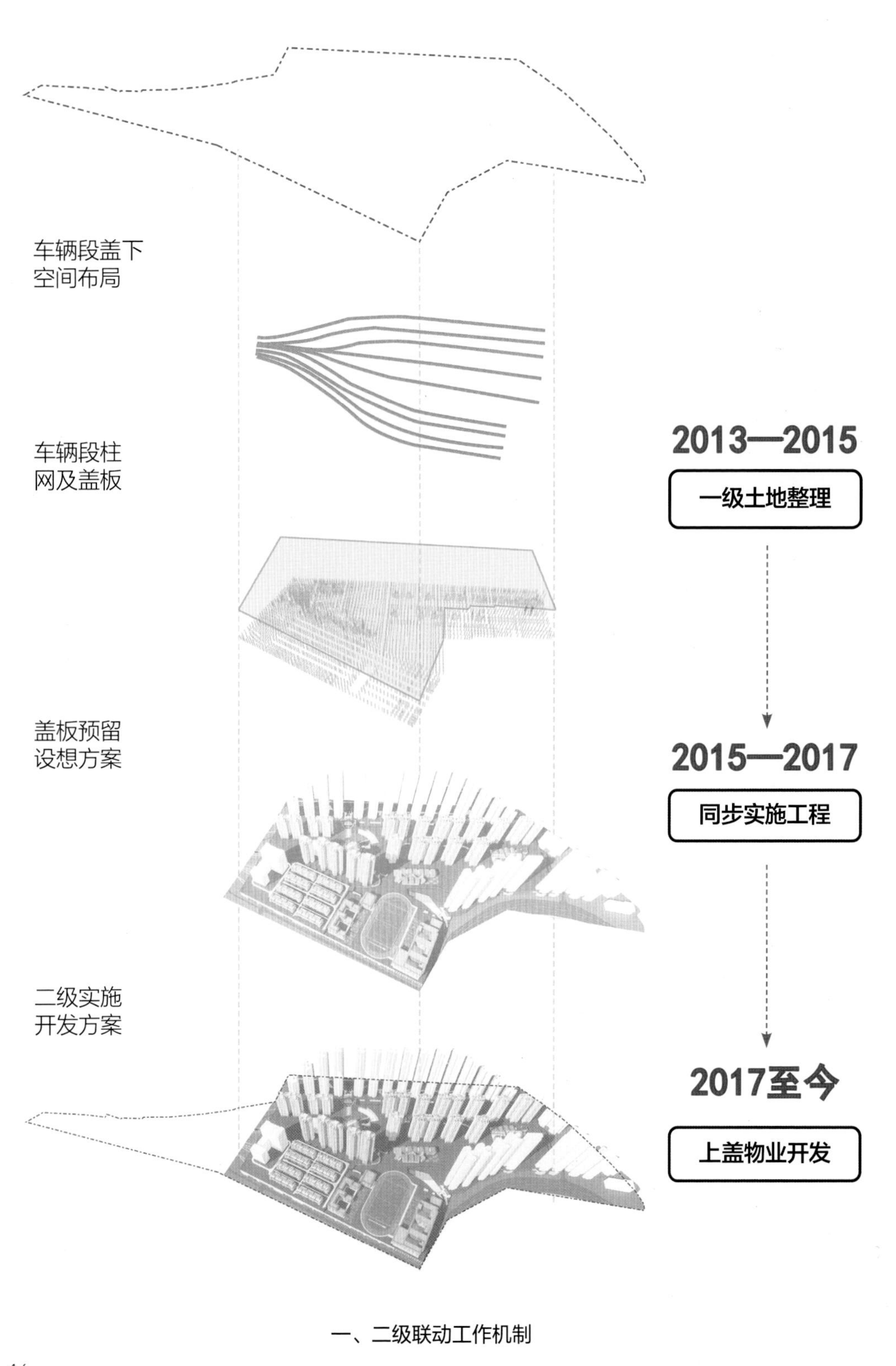

一、二级联动工作机制

工期不同步

盖下车辆段由于线网开通时间节点要求，在 2017 年完成建设。

2017 年，完成土地收储和出让，进入到上盖物业开发阶段。

设计连续性

虽然开发周期长，开发主体不确定，但是上盖方案的推敲是逐步完善和落实的，在不同的开发阶段，重点解决不同的问题。确保上盖方案的连续性能够保证上盖方案顺利实施，减少方案变化引发的工程问题。

盖板设计

车辆段盖板设计作为盖上、盖下的共同界面，需要承接盖上与盖下的提资需求，是联动设计过程关注的重点。盖板需保证盖下使用空间的完整可靠、做好对盖下的保护。盖板需预留上盖开发的结构荷载、各专业所需的接口，并预留好上盖开发条件，避免上盖开发对盖下的影响。

盖上及盖下功能对位关系

项目特点五：降本增效 经济致用

盖板上下联动设计
合理调整轨道布置

盖下布局对于上盖项目开发的影响至关重要。需研究如何衔接盖上建筑与下部线路、运用库、检修库的对位关系，优化布局，在不影响车辆段使用的前提下，保证上盖地产开发的利益最大化。

结构形式优化

针对盖下及盖上不同的布局特点，分区域确定结构形式，并进行整体设计。

盖板精细化预留设计

盖板精细化设计各专业接口，保证二级开发的顺利开展；充分考虑二级开发方案的不确定性，盖板预留了结构调整空间，保证二级开发总图方案及户型调整的自由度。

盖上车库优化

停车布局与盖下柱网布局相匹配，停车效率最大化；车库增加结构小柱，控制车库梁高和层高。

2 设计与实践

2.1 一级土地整理
2.2 同步实施工程
2.3 二级市场开发

2.1 一级土地整理

- **土地整理阶段，从规划角度，初步论证官湖上盖开发的可行性**
- **官湖成为 TOD3.0 试点首选地**

官湖是广州 TOD3.0 发展模式的试点排头兵。TOD3.0 的发展思路，是站城一体化设计。最主要的课题是通过地铁线网的建设，带动城市的提升和发展。

根据广州线网规划的时间表，“十二五”期间，规划建设 7 条（段）轨道交通线路。其中十三号线为东西城市骨干线路，连接增城区，是广州城市战略的目的地。

经过对十三号线站点沿线土地的摸查评估，以及对城市规划战略的综合考量，选定官湖车辆段作为开发试点。以点带片，带动增城片区开发建设、带动中央商务向东迁移发展。

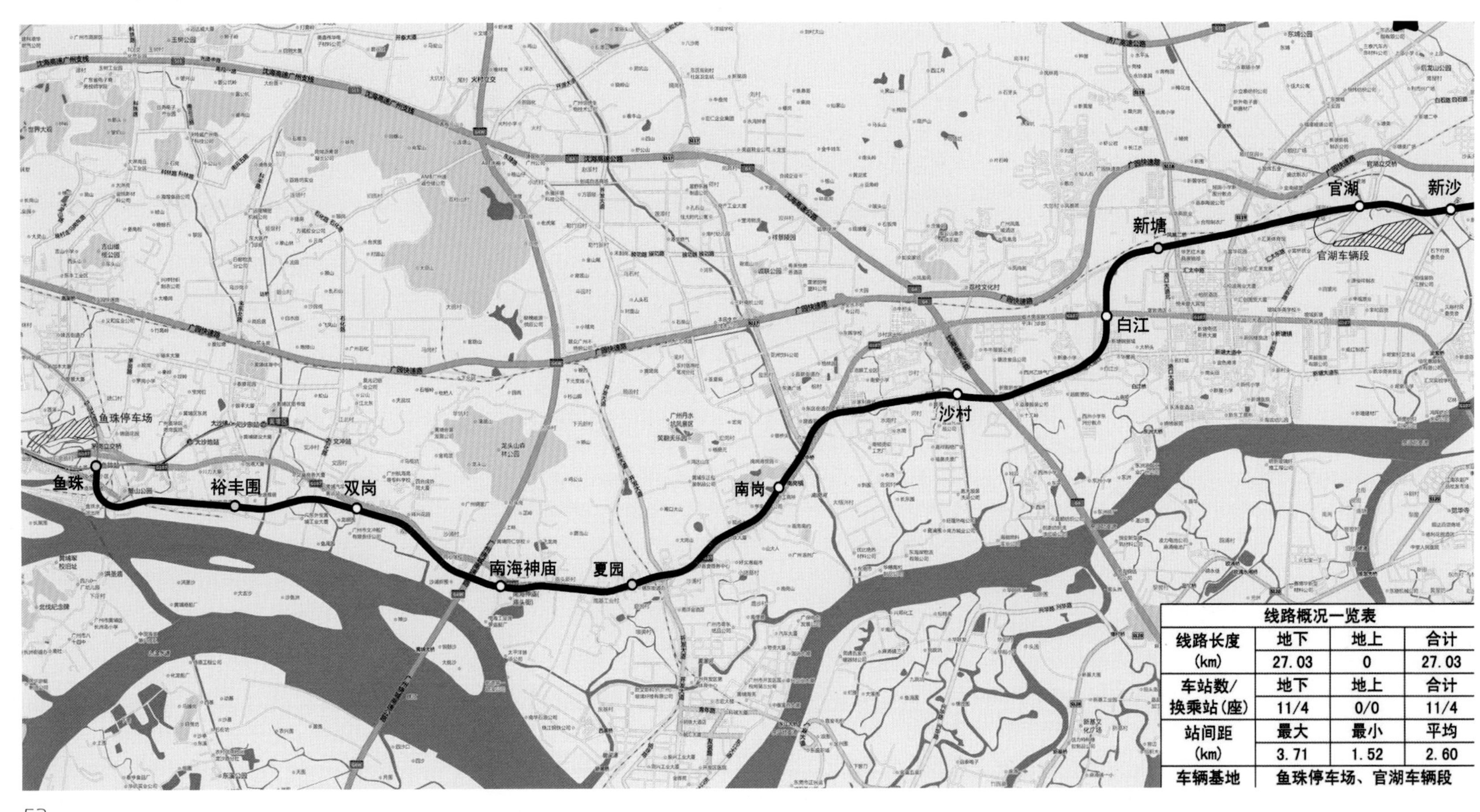

线路概况一览表			
线路长度(km)	地下	地上	合计
	27.03	0	27.03
车站数/换乘站(座)	地下	地上	合计
	11/4	0/0	11/4
站间距(km)	最大	最小	平均
	3.71	1.52	2.60
车辆基地	鱼珠停车场、官湖车辆段		

展开关于官湖上盖开发策划及论证

广州市政府及相关部门积极支持广州轨道交通线网建设及综合开发。广州地铁集团对地铁十三号线官湖车辆段等进行了上盖开发的前期研究和论证，探讨了官湖车辆段上盖开发的可行性、经济效益、社会效益。

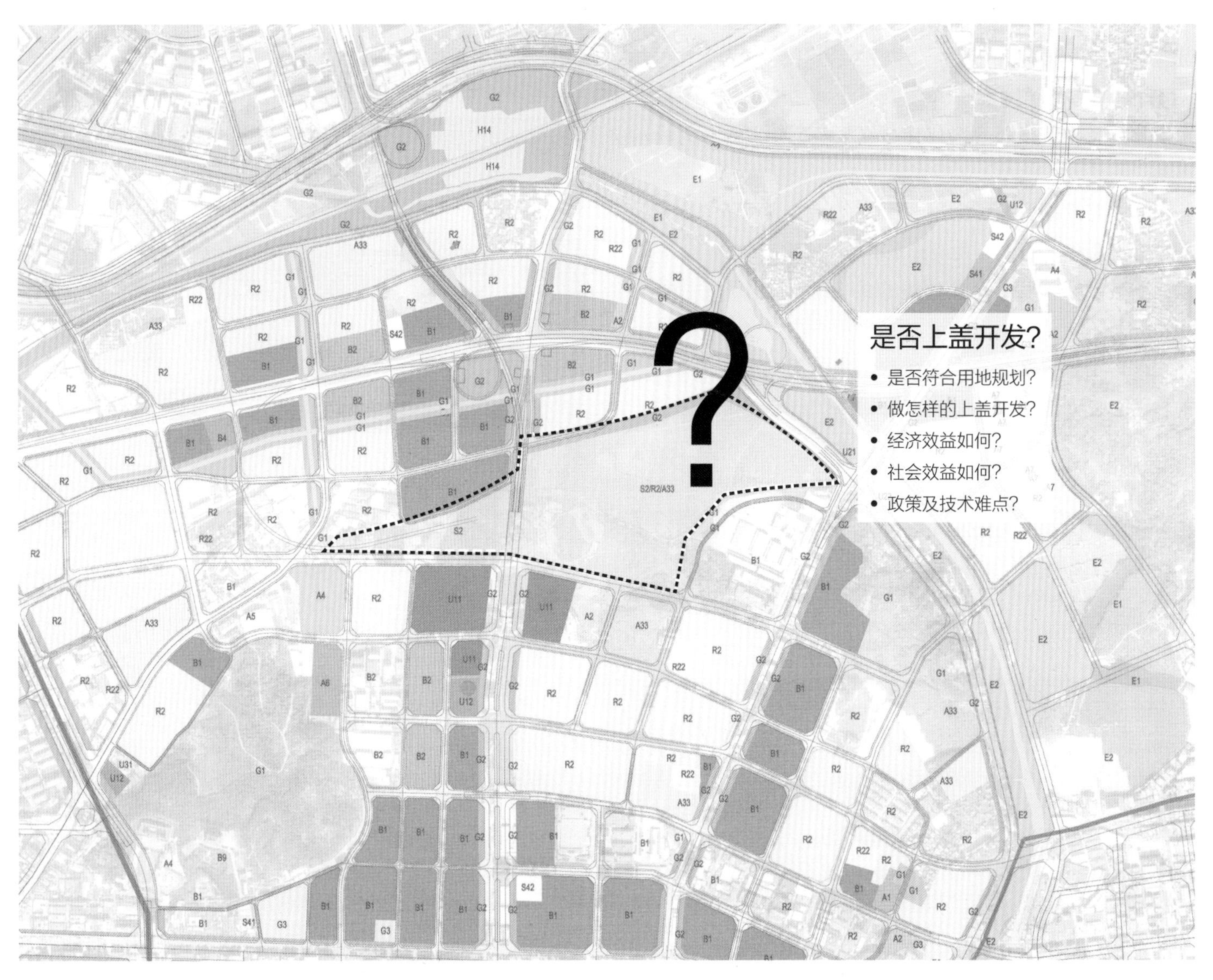

官湖车辆段的选址及建设指标

选址

十三号线首期工程官湖车辆基地位于十三号线东端，官湖站的南侧，段址位于增城区新塘镇官湖村境内，环城路（新 107 国道）、石新公路及新沙大道包夹的地块，占地面积 41.7 公顷。周边现状以农田及少量厂房为主，现状开发成熟度较低。

2013 年官湖选址方案通过，2014 年获得建设用地规划许可证。

交通条件

地块周边主要骨架道路，包括广园快速路、新环城路、石新公路、新沙大道等。从区域路网来看，周边次干道缺乏，支路发达。

官湖车辆段功能需求

官湖车辆基地承担十三号线、十一号线配属车辆的大架修任务，是广州市轨道交通 A 型车的第二个大架修基地。

段内需设置停车列检 36 列位，周月检 4 列位，定修 2 列位，临修 1 列位，大架修 5.5 列位（含车体线），另设置镟轮线、清扫线、静调线、试车线、待修列车存放线各一条。

段内需建设运用库、联合检修库、调机工程车库、综合楼、物资总库等，单体建筑面积约 168562m^2。

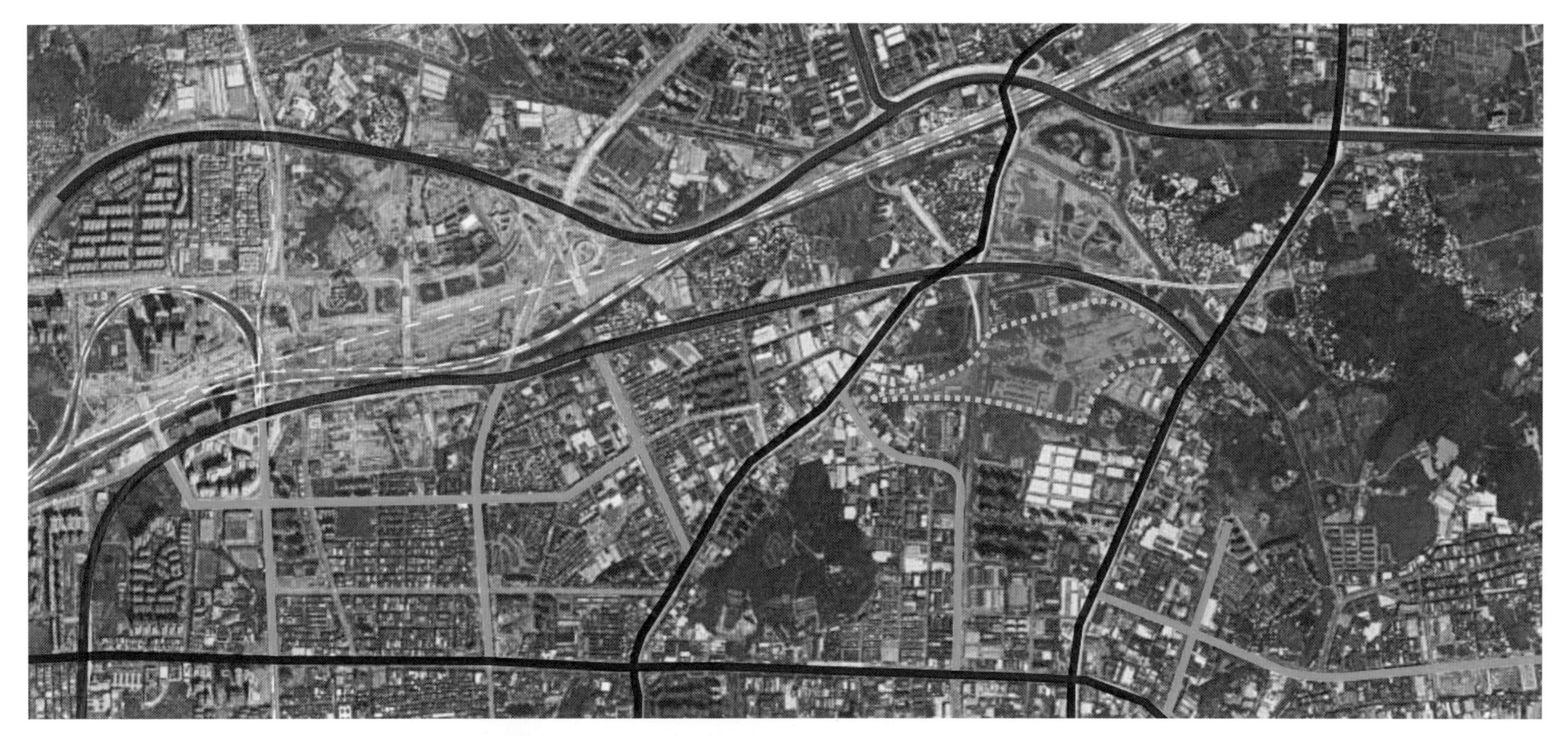

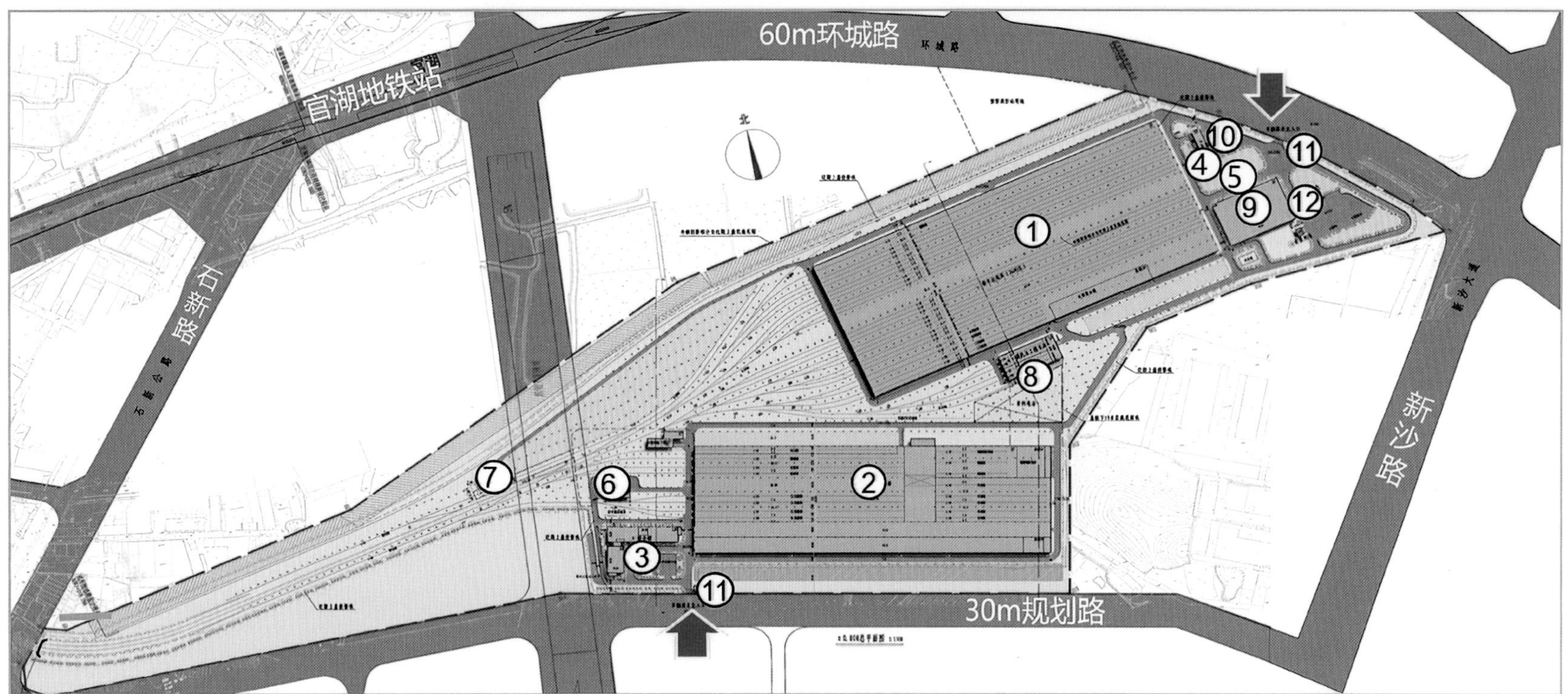

1-停车运用库；2-联合检修库；3-综合楼；4-后勤服务楼；5-派出所；6-牵引变电所；7-洗车机及控制室；8-调机及工程车库；9-物资总库；10-杂品库；11-门卫；12-安保用房

官湖车辆段功能总平面（规划阶段）

规划条件及定位

规划定位

增城位于城市东西轴线上，是广州六大城市副中心之一。增城规划三个城市功能区，分别为生态产业圈、都市生活圈和先进制造业产业圈。新塘镇定位先进制造业产业圈，是增城的核心经济和人口增长点。广州市“十二五”规划将新塘镇规划为广州市的卫星城，承担更多市区人口压力。

官湖车辆段上盖开发项目位于新塘镇中心城区的东北侧，片区定位以交通枢纽为核心，发展综合服务功能，包括行政办公、商务办公、商业服务、休闲娱乐、居住等功能，是东部地区的综合型服务中心。

官湖车辆段上盖建设对于吸引人口聚集、带动区域发展、落实规划定位非常重要。

初溪休闲公园
（来源：广州市增城区人民政府网站）

都市农业圈
（来源：广州市增城区人民政府网站）

新塘·中城智能制造科创产业园效果图
（来源：广州市增城区人民政府网站）

《增城市城市总体规划（2010—2020）》

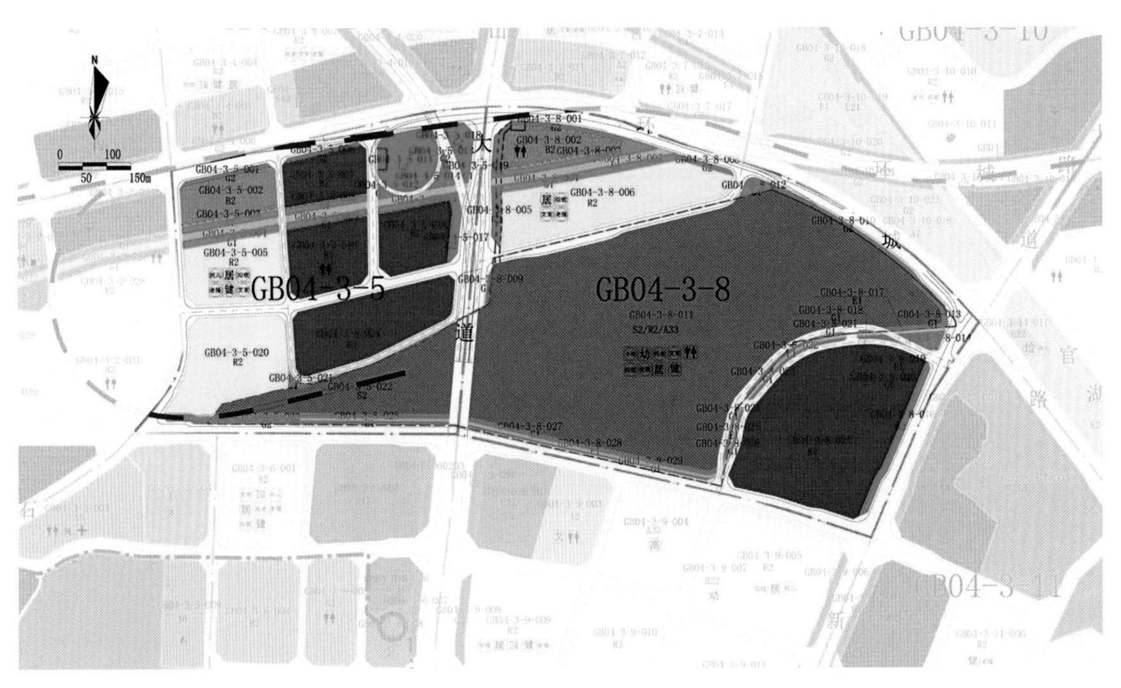

《增城市新塘镇总体规划（2010—2020）》

规划调整用地属性

在《增城市城市总体规划（2010—2020）》中，官湖车辆段用地主要为工业用地和发展备用地，针对该用地性质与城市总体规划不符的问题，经过城市轨道交通建设单位与当地国土规划部门的积极沟通，政府部门同意在新一版城市总体规划编制试点中予以解决。通过上述措施，强化了规划政策保障。

《增城市新塘镇总体规划（2010—2020）》，官湖车辆段及其周边地区位于总体规划确定的东江居住片区，处于镇级服务中心、片区级服务中心、居住区级服务中心的共同辐射范围内，有发展居住产品的良好条件。

开发业态：居住为主、商住结合、综合服务中心

车辆段用地位于规划的居住商业组团内，具备未来上盖进行居住业态开发的良好条件。

官湖车辆段位于新塘两大服务中心的快速联系通道上，站点以西的东部枢纽新塘站、站点以东的生产性服务中心产生稳定的商务流，使官湖地块具备发展商务会展、商业、休闲娱乐等业态的可能性。

综合上述两点，官湖车辆段的业态初步定位为“居住为主、商住结合、综合服务中心”。

上盖方案比选优化

2013 年，广州地铁设计研究院股份有限公司组织了多轮上盖开发规划建设方案的比选，对上盖方案展开全面论证：

（1）全上盖方案：段址区域全覆盖，争取最大体量上盖开发；

（2）东侧上盖方案：以茅山大道为界，东侧区域覆盖，进行上盖开发；

（3）东侧盖板 + 白地方案：车辆段布局集约优化，增加白地范围，利用白地增加开发强度。

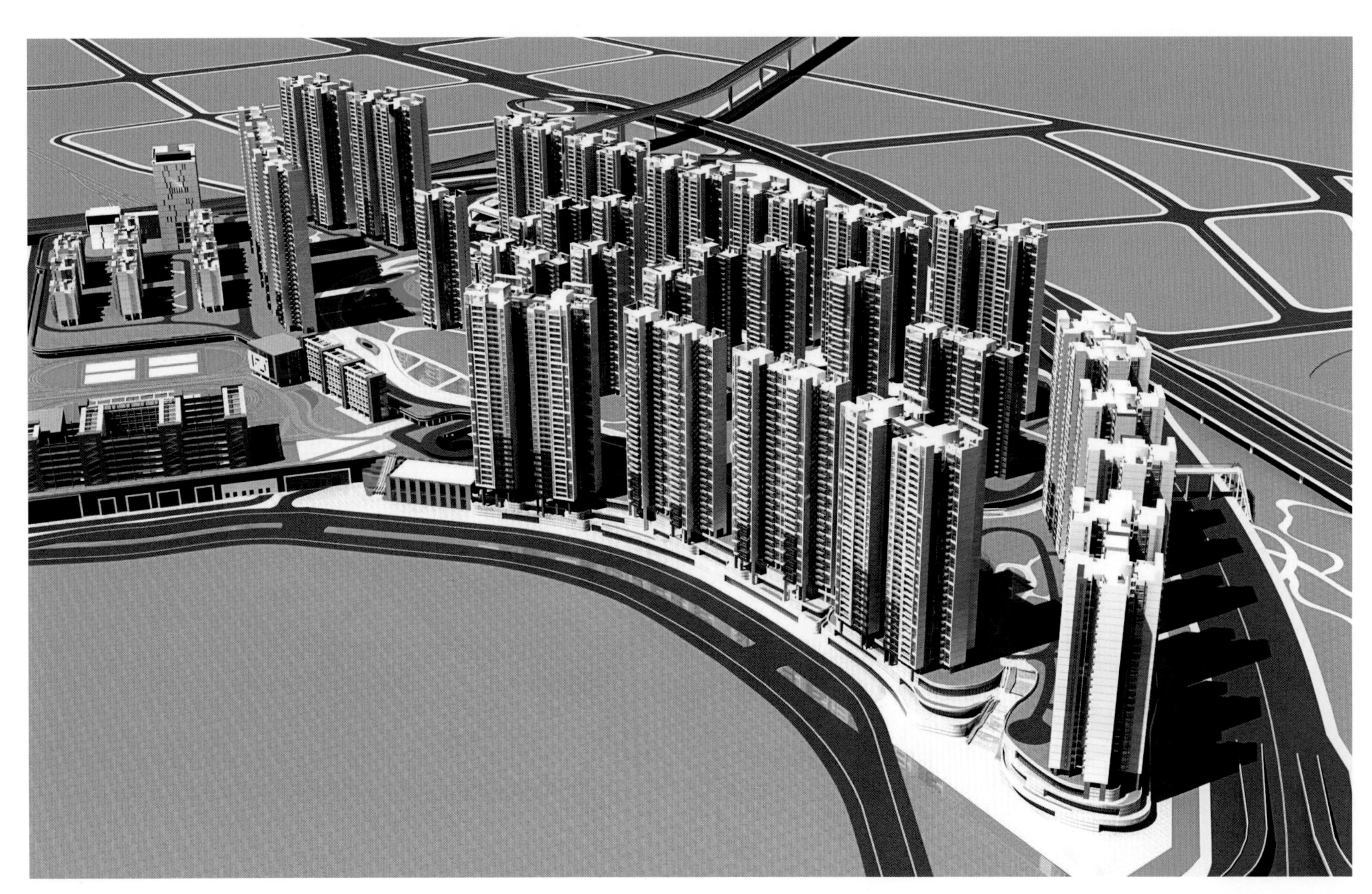

优化过程

车辆段功能、上盖开发布局联动优化，上盖方案优化推演过程如图所示。

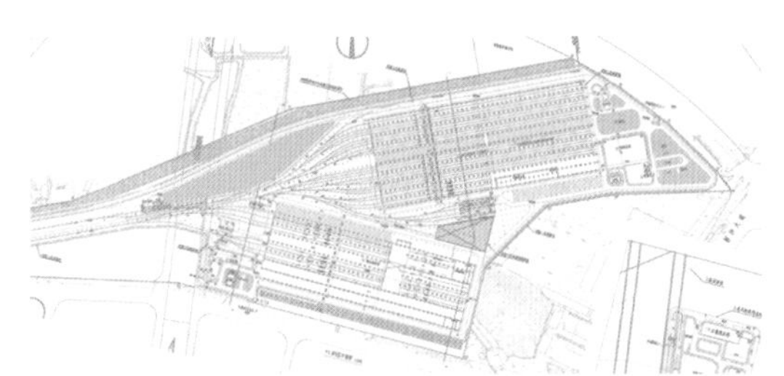

原始车辆段布局

全上盖方案

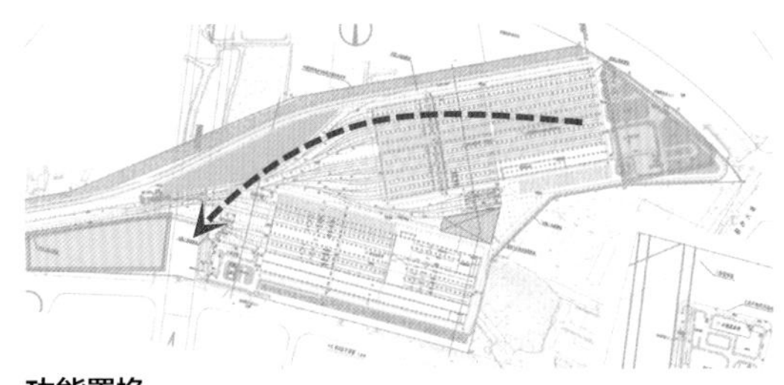

功能置换
车辆段功能用房，置换到茅山大道西侧
原库房位置腾为白地

东侧上盖方案
茅山大道以西为车辆段用地，大道以东集中物业开发

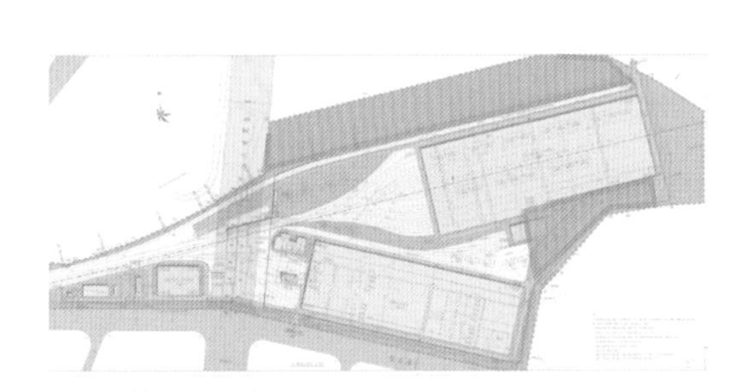

车辆段轨道间距优化

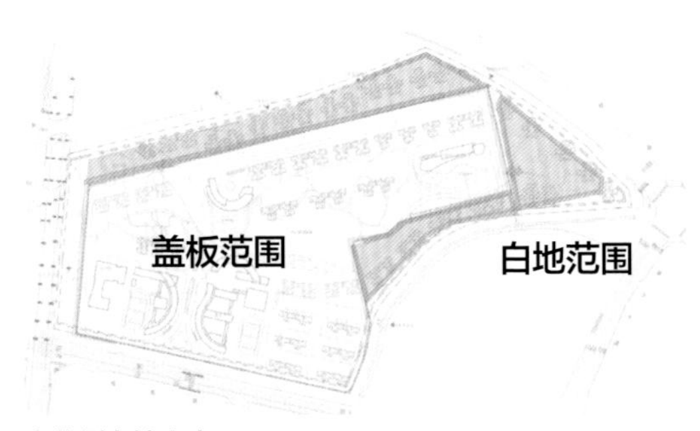

南北侧白地方案
南北两侧增加白地，有利于提高开发效率

上盖方案的初步构想——凤舞官湖

双侧白地方案，用地集约、可实施性强、环境影响小。以此方案为基础，进一步细化设计，提炼出了凤舞官湖的空间规划概念。

通过对车辆段功能、建筑结构设计等要素的整理解读，形成了上盖综合开发方案的形态灵动的空间概念——凤舞官湖。我们搭建了整体标高 16.8m 的总平面，居住及公建配套设施整体置于平台之上，交通、停车及对居住功能有影响的因素被整体放置于平台之下，其总平面形态如展翅飞舞的凤凰。通过延伸的中心轴线串连起周边最重要的资源点——官湖地铁站和湿地公园。

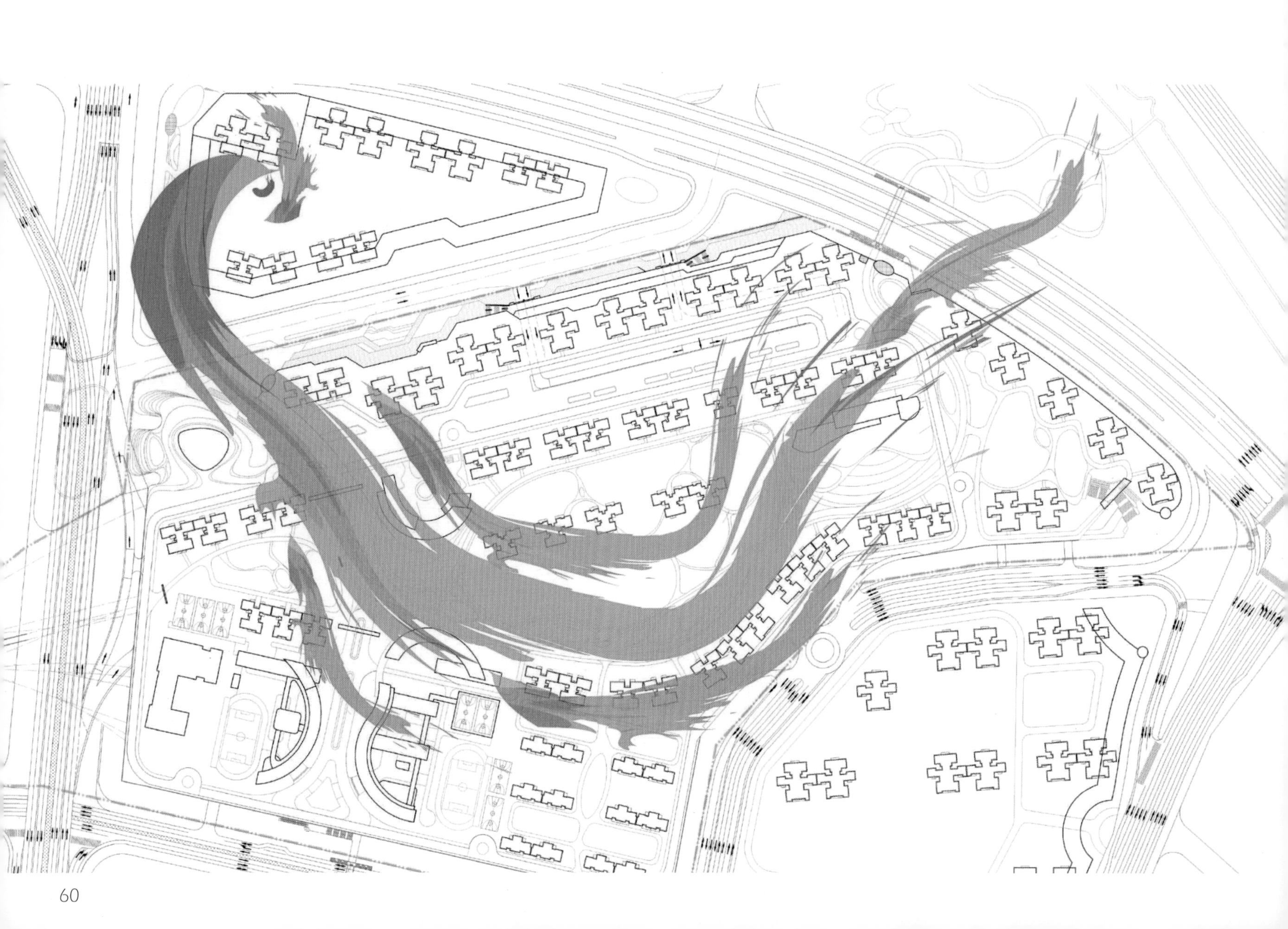

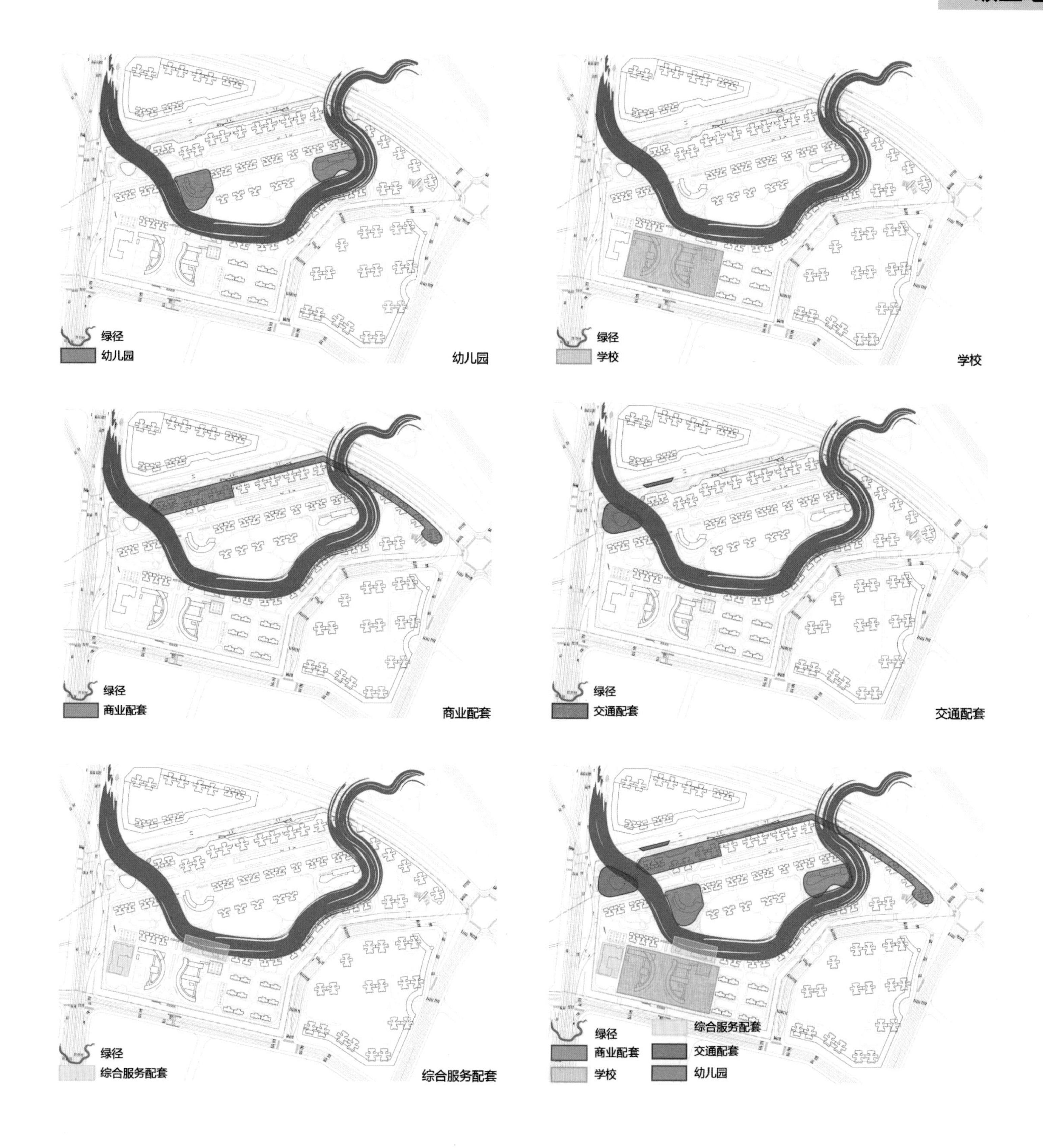
绿径
幼儿园
幼儿园
绿径
学校
学校
绿径
商业配套
商业配套
绿径
交通配套
交通配套
绿径
综合服务配套
综合服务配套
绿径
综合服务配套
商业配套
交通配套
学校
幼儿园

建筑高度及住宅户型设计

综合考虑地块外部环境因素、经济性、结构合理性、盖下工艺布局特点等将开发强度按照建筑控高，控制为高、中、低三个级别。

用地东部、东南及北部，是综合集约用地区（白地），无轨道设施，盖上建筑不受约束，但靠近道路，噪声影响较大。设计为高层住宅、紧凑型户型为主。

用地中部，是运用库上盖部分，受技术条件限制，建筑限高 100m，景观资源丰富，按舒适型户型标准设计。采用行列式布置，柱网基本与盖下柱网对齐，保证更好的实施性和经济性。

用地南部，是检修段上盖部分。受技术条件限制，宜进行低强度开发，布置综合楼、中小学等配套、多层住宅等。

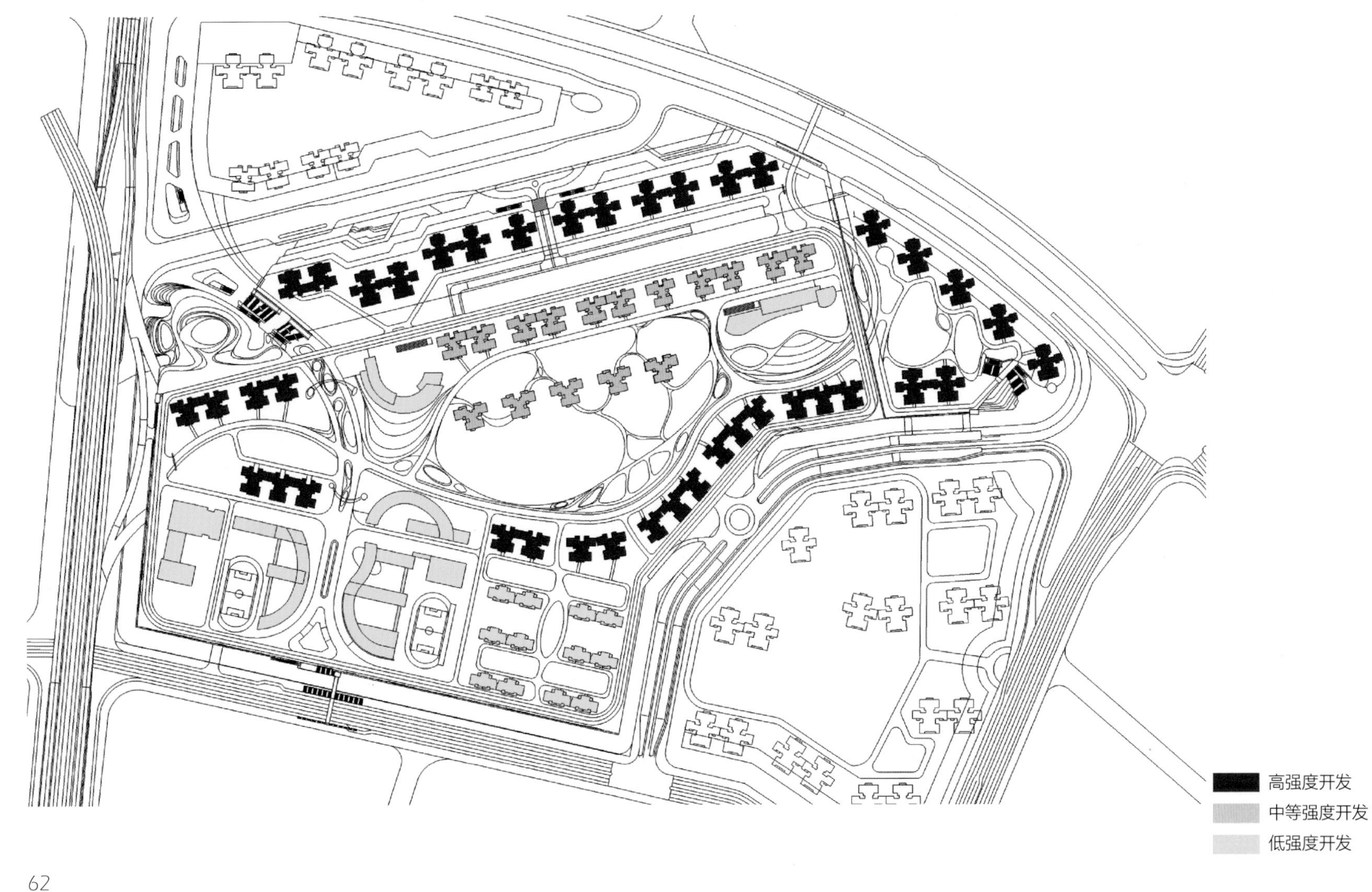

通过对客户定位、市场供应、竞品情况的综合分析，确定户型设计及配比设计。户型包括紧凑型二房、紧凑型三房、改善型三房、舒适型三房、舒适型四房等多种户型。

通过对基地周边及内部环境的有利因素和不利因素进行分析，将住宅组团地段价值细化评估，分为一般、较好、最优三种地段，拉开户型差异化。

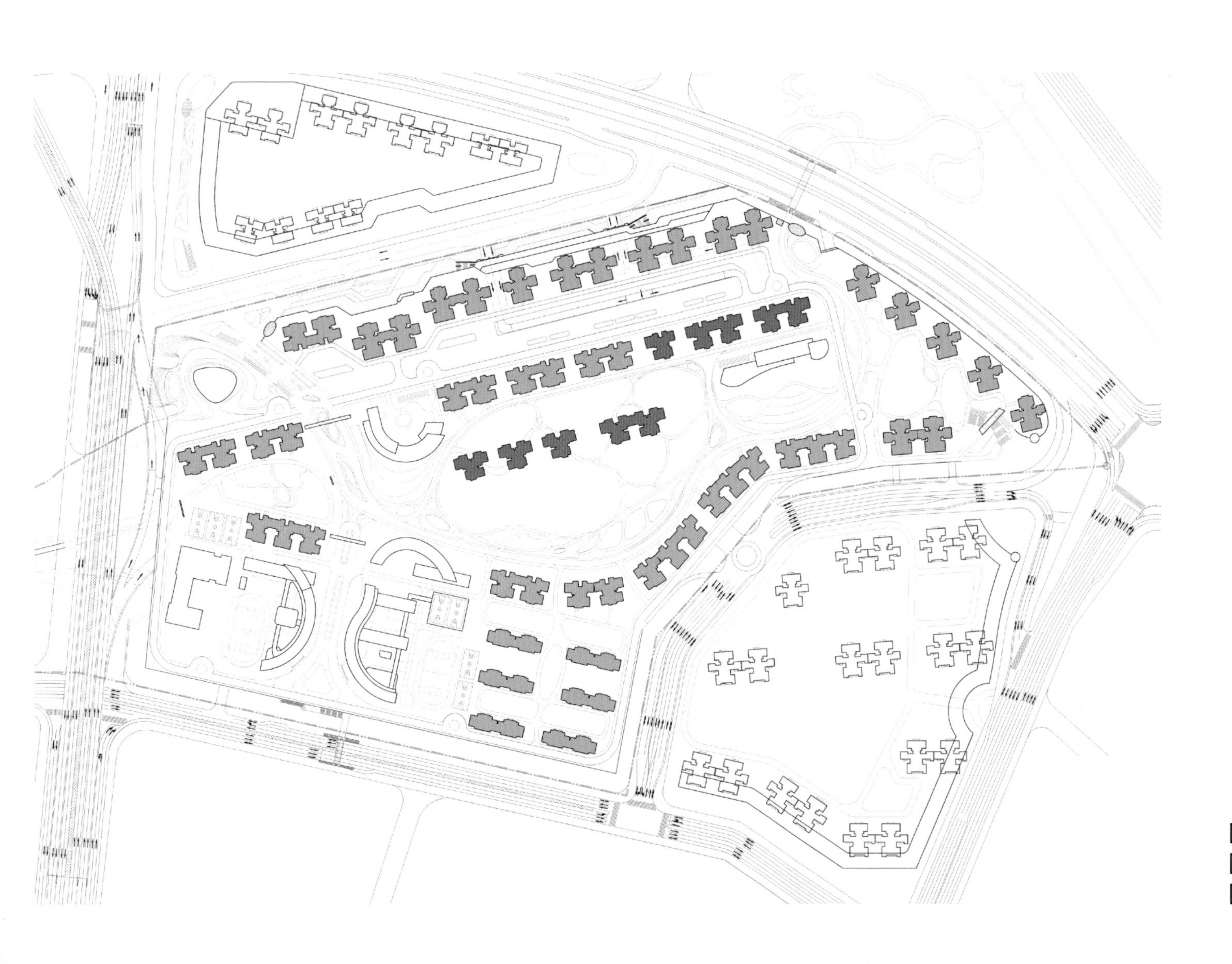

最优户型
较好户型
一般户型

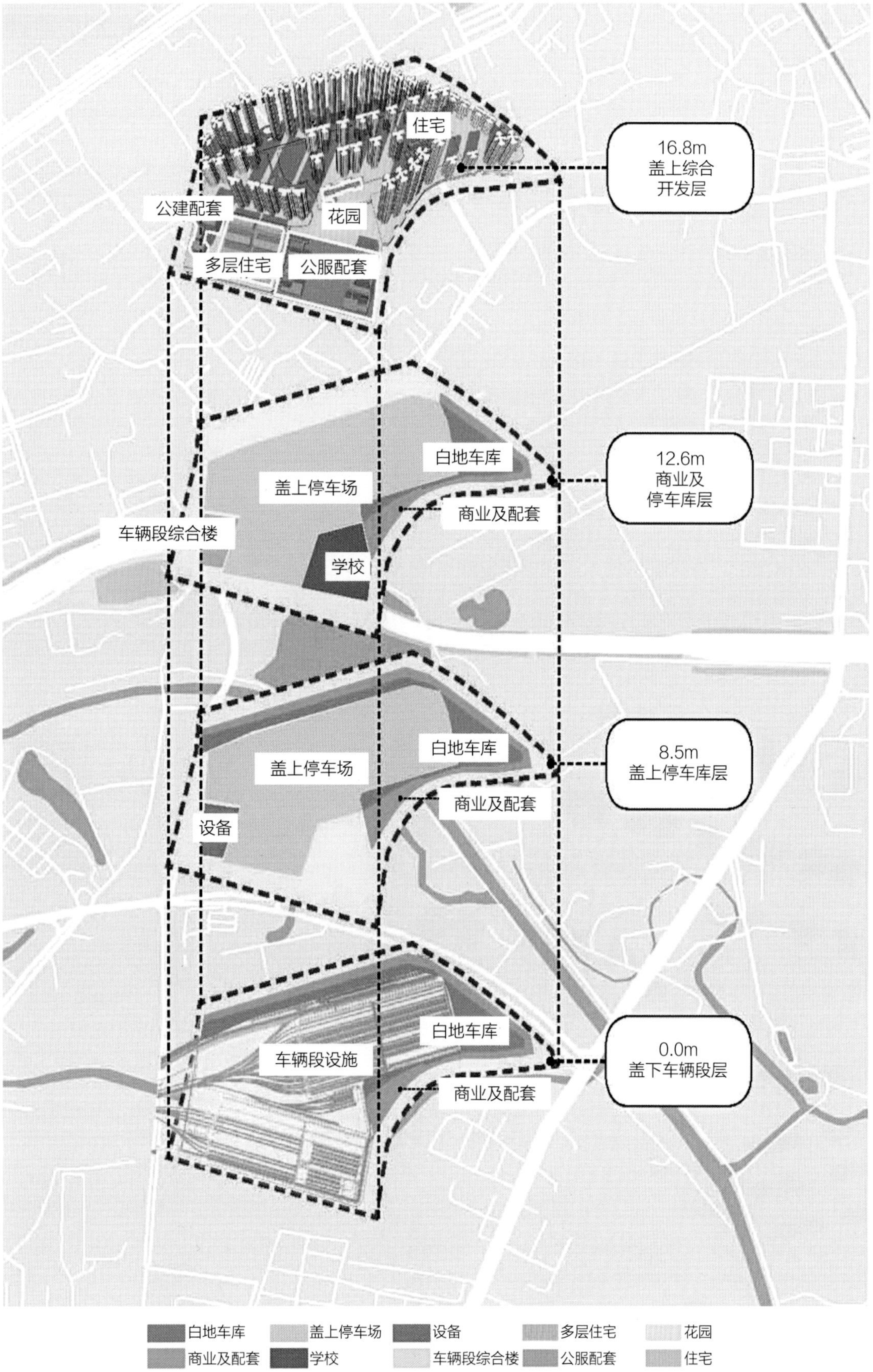

竖向设计

竖向设计联动优化

经过上盖方案和车辆段工艺的联合优化，车辆段盖板分为两层。

0.0m 标高：以车辆段轨面为 0.0m，主要功能为车辆段用地和白地区域的交通连接功能、沿街商业及配套功能。

8.5m 标高（局部 12.6m）：功能为车辆段盖上停车场及沿街商业配套。

16.8m 标高：功能为上盖综合开发首层，功能为上盖物业及配套。

城市界面

- 商业裙楼立面强调水平的连续性，层层退台，以营造良好的城市界面；
- 楼栋连续立面在横向上表达了楼栋的丰富韵律，纵向上通过材质色彩与构件分隔形成三段式；
- 车辆段立面与裙房采用相同设计元素，协调设计；
- 商业、裙楼及车辆段共同形成建筑群的标志性，凸显项目的形象。

交通设计

地面层交通

- 现状车行出入口设计：

（1）地面车辆段主要确保车辆段自身的基本功能；

（2）东侧地块共设置四个出入口：包括规划石新公路出入口，通过辅道将地块与石新公路进行联系；107 国道出入口；桂花路出入口与新沙公路出入口。

- 交通优化设计建议：

为实现地块与对外道路的交通联系，建议沿着东部地块规划范围增加两条 15m 规划路，分别连接石新公路与 107 国道出入口、桂花路与新沙公路出入口，以坡道形式，实现外部交通、夹层停车库和盖上层道路的良好衔接。

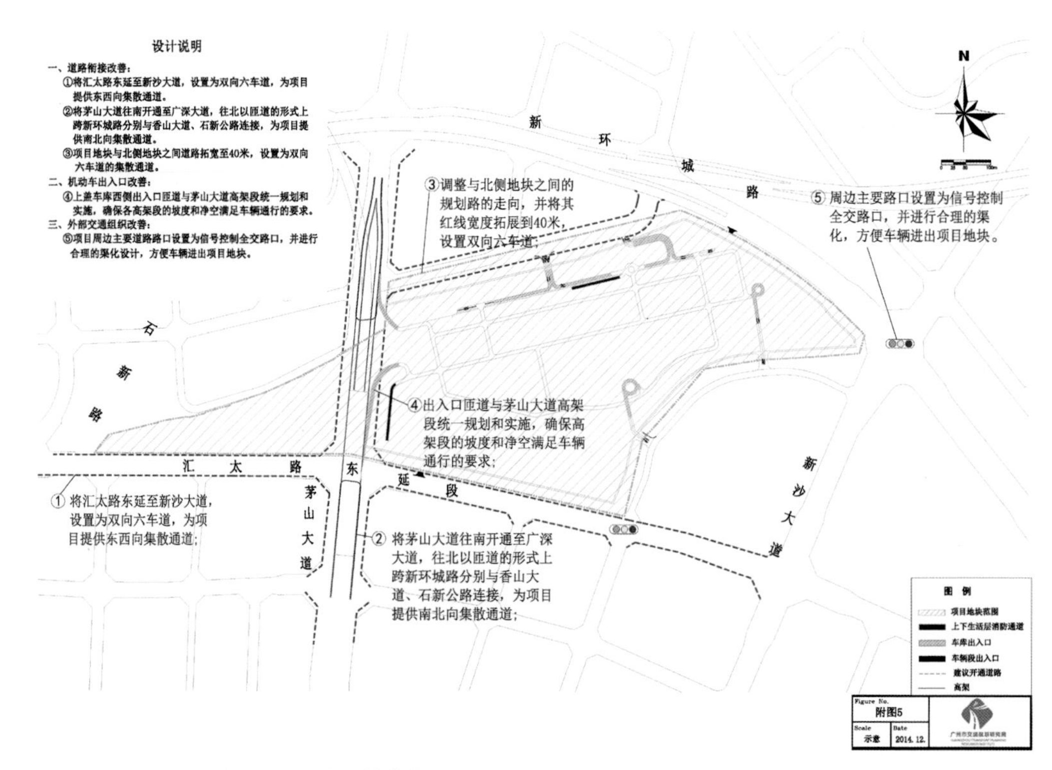

上盖和综合集约用地车库层交通规划方案示意图

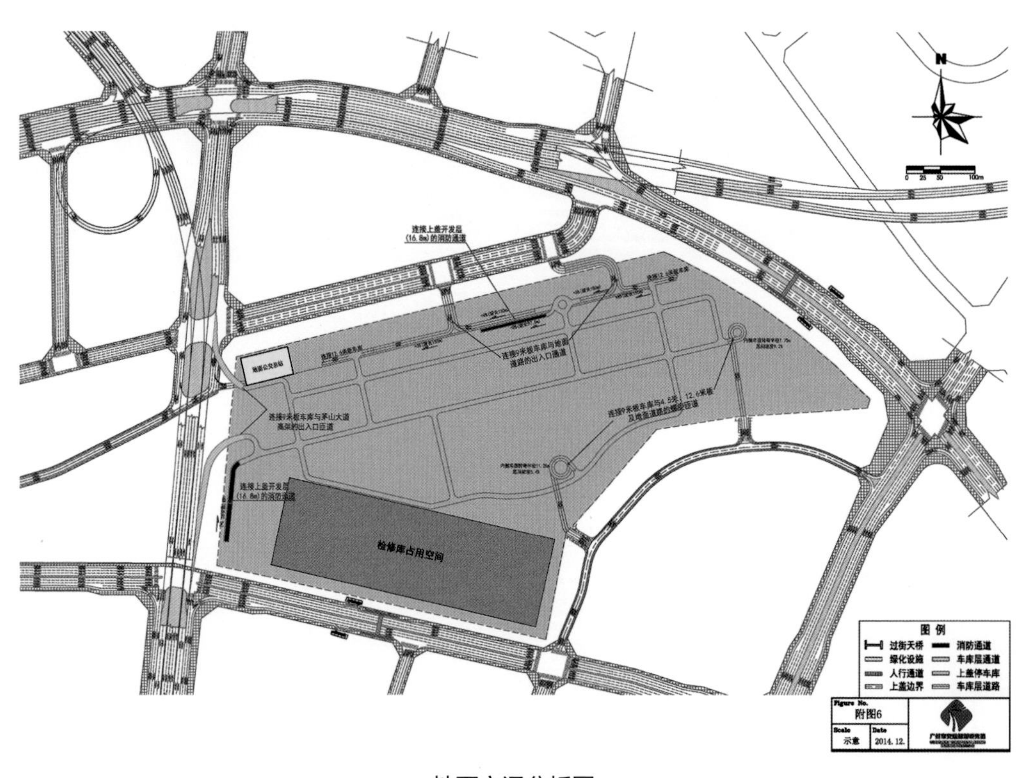

地面交通分析图

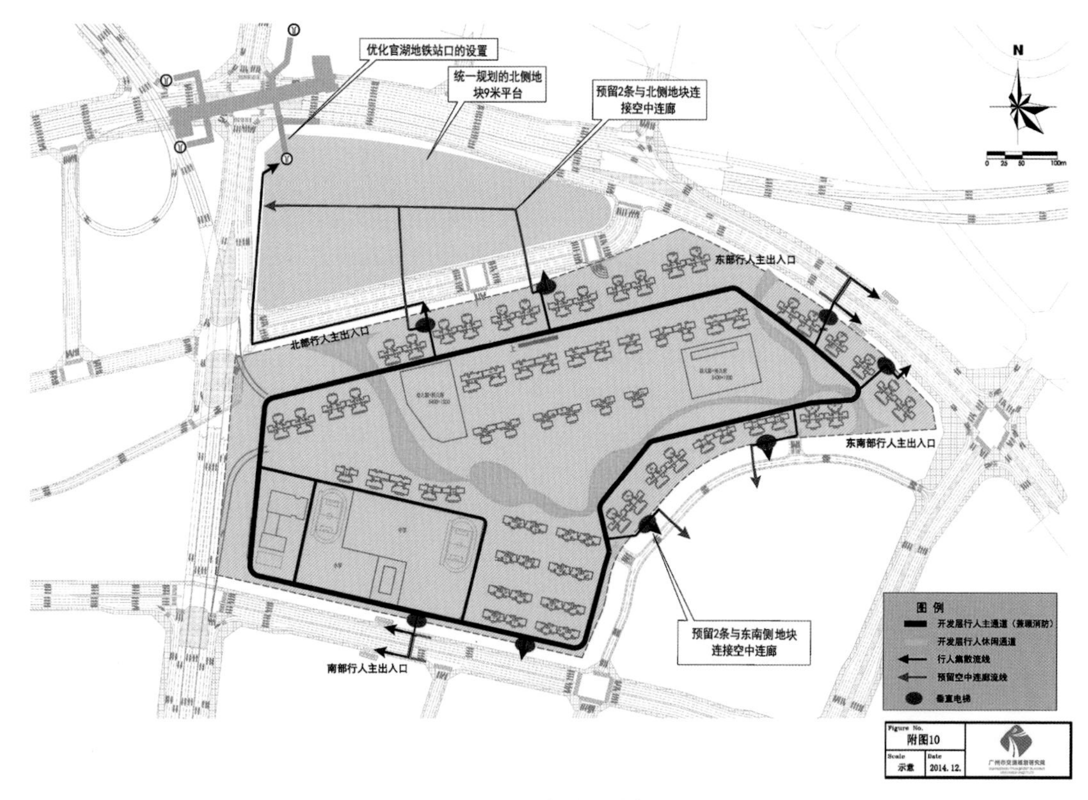

8.5m 层平台交通分析图

8.5m 层交通

8.5m 盖层为交通层，主要是车辆段上盖建设的停车库，为了满足在交通高峰时段交通流能够满足疏解要求，在交通层主要有 4 个对外出入口。

交通层内部主要为环形双向交通，中间预留一个与 15m 生活层的双向出入口，更好满足上下消防要求。

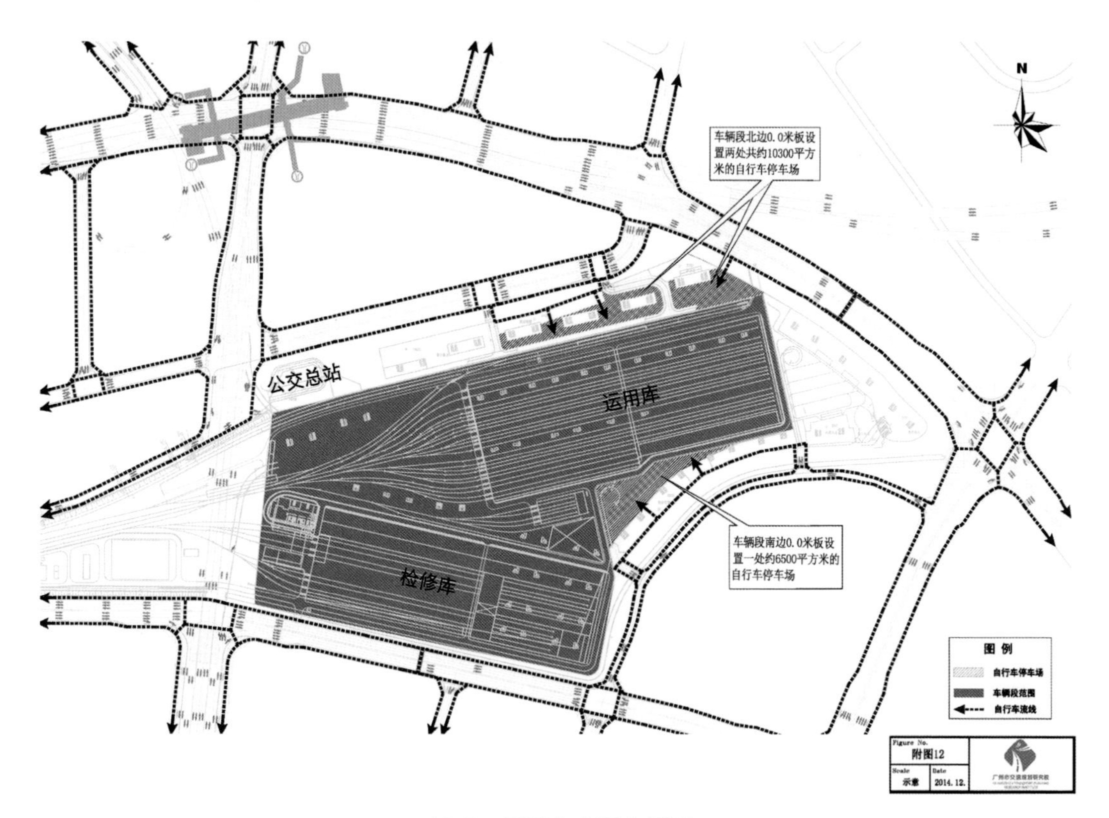

14.5m 层平台交通分析图

14.5m 层交通

14.5m 盖层为生活层，层内交通以 7m 道路双向环形交通为主，配合 5m 道路完善交通系统，并满足消防要求，繁忙时段实行交通限量通行管制。

主要对外联系出入口南北各一个，中间预留一个与 8.5m 生活层的双向出入口，更好满足上下消防要求。

官湖车辆段综合上盖开发方案获批

广州地铁集团提出官湖车辆段上盖开发的初步设想方案，经过与轨道建设单位、国土规划单位、当地教育、环保等多方沟通探讨，形成了被各方认可的上盖开发方案。官湖车辆段综合开发具有以下综合效益：

- 城市发展：支撑城市战略、带动片区发展；
- 经济建设：提升土地价值、增加财政收入；
- 轨交发展：涵养地铁客流、反哺地铁建设；
- 社会效益：增加就业机会、补足社会配套；
- 环境效益：引导绿色出行、倡导绿色生活。

控制性详细规划编制

新塘镇为支持新区建设和轨道交通综合开发，以官湖站为核心，以广州地铁集团的研究方案为基础，启动官湖片区控制性详细规划编制工作，明确上盖开发的基本属性和规模。

控制性详细规划中，西地块为城市轨道交通用地；东地块为城市轨道交通用地、二类居住用地、中小学用地，面积 319446m^2，建筑面积 798615m^2，容积率 2.5。公共服务设施包括中学、幼儿园、文化室、老年人服务站点、居民健身设施、垃圾收集站、公厕等。

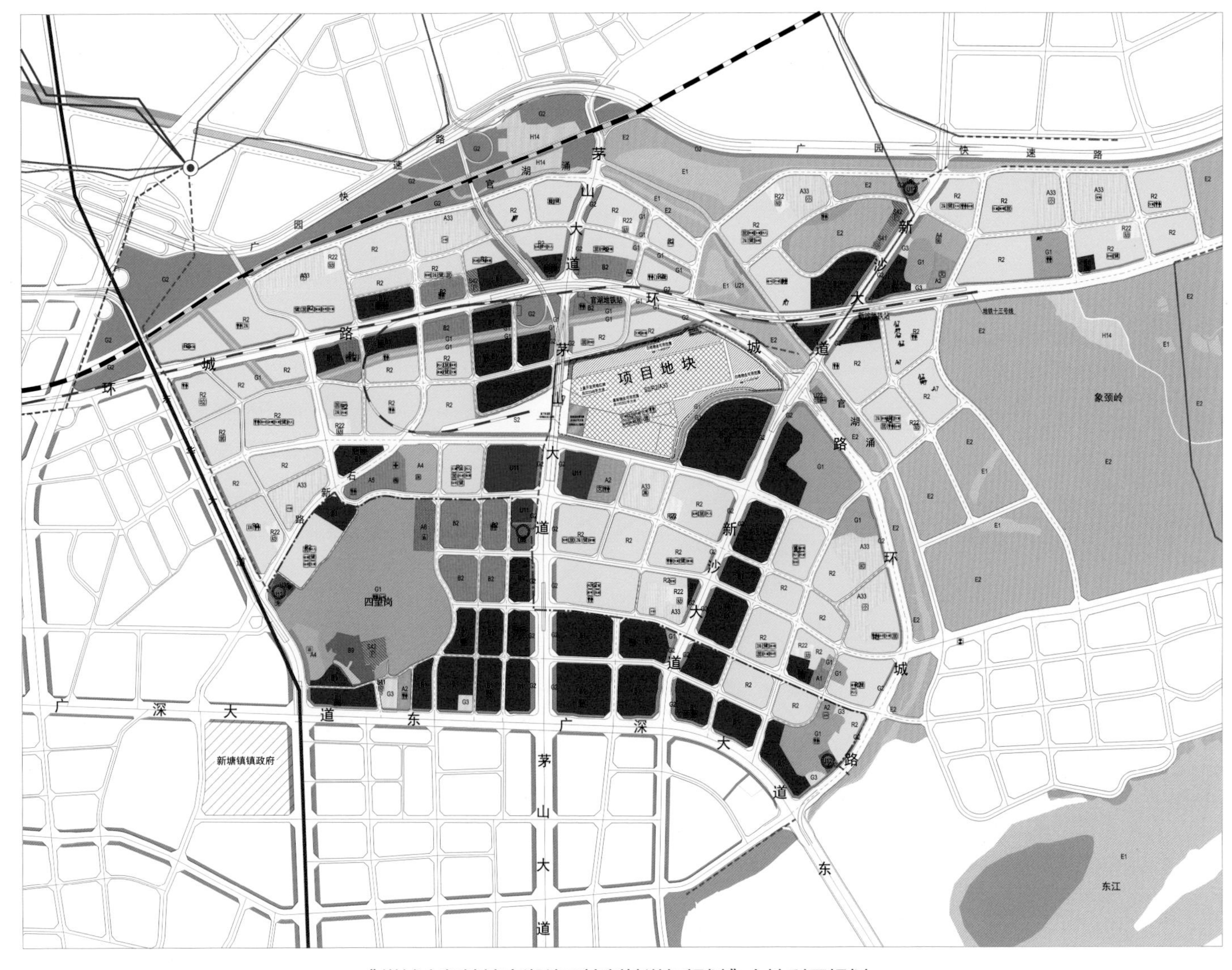

《增城市新塘镇官湖片区控制性详细规划》土地利用规划

土地整理阶段　主要工作内容

官湖车辆段上盖综合开发方案获批同意、完成控制性详细规划编制工作

土地整理阶段，为了回答“是否进行上盖综合开发”这个问题，做了大量的前期研究和论证。

（1）官湖车辆段上盖开发的必要性分析；

（2）增城区域的市场需求分析；

（3）调研官湖片区的开发现状与建设条件；

（4）推演开发的规模与建设方案；

（5）编制开发的投资与估算；

（6）制定环境保护方案和专篇报告；

（7）交通评估、风险分析、社会评价等。

这个阶段，上盖开发的方案还是概念性的。在规划部门明确了官湖车辆段进行上盖开发、确定了开发规模和方向后，广州地铁集团开始着手对上盖开发方案进行细化和优化。

2.2 同步实施工程

同步实施阶段，从落地建设角度，完成车辆段及盖板建设和上盖开发前准备工作

由于地铁十三号线建设按计划于 2017 年通车运营，时间紧迫。为确保地铁按期开通，车辆段盖板与车辆段工程需同步建设实施。通过车辆段盖板预留二级开发的建设条件，确保后续在不影响车辆段运营的情况下能够实施二级开发和建设。

本阶段重点内容主要为以下五个方面：

开发预留提资方案的研究

以土地整理阶段的上盖开发设想方案为基础，贯彻“以人为本”“共享社区”“生态社区”的设计思想，进行深化设计，形成兼具造价经济性、工程实施性的“开发预留提资方案”，以此作为车辆段盖板设计的依据，并配合编制《修建性详细规划》。

盖下车辆段工艺优化

在满足工艺、站场需求的同时，需要落实与上盖方案联动优化过程中的调整（站场断线布置、结构柱位、工艺净高等），以及车辆段的消防、排烟、市政接口等。

盖板同步实施工程设计

根据盖板预留方案和车辆段设计，进行建筑、结构、机电的深化设计。对车辆段同步实施的柱网结构、盖板预留荷载、变形缝、机电接口进行深化设计。

土地整理出让的条件疏理

完成三通一平处理，为土地收储和二级开发创造条件。

水电：对上盖开发的人口规模及社会经济活动进行研判，提交市政单位进行水电负荷、排水组织和污水处理措施的预留。

通路：根据现状道路及规划道路条件，模拟上盖开发对市政交通的影响。与交通部门沟通、备案，对关键交通节点提出优化建议。

提前实施茅山大道的高架匝道（规划），实现盖板与市政道路的连接。

用地权属和界面划分

确定分层确权的原则、划定车辆段与二级开发的空间截面、设备截面等。

地铁站
环
城
城
路
大
道
车辆段用地红线
盖上车库出入口
消防车出入口
架空走廊
人行主出入口
公交站
18班幼儿园+2托儿所
泳池
广场
人行主出入口
盖上车库出入口
消防车出入口
16.8米盖板边线
车辆段用地红线
净用地线
中小学用地界线
车辆段主入口
沙
道
大

提资方案的研究

消防设计

项目整体消防设计原则：

盖上、盖下消防系统各自独立，信息互通。

对不同使用性质空间按以下规范为依据进行消防设计：

（1）0~8.5m 车辆段生产使用空间为工业建筑，主要按地铁设计规范、建筑防火规范中的工业厂房规范进行消防设计；

（2）8.5~16.8m 空间为民用建筑，主要为小区停车、生活交通换乘空间，按停车库防火规范、建筑防火规范进行消防设计；

（3）16.8m 以上空间为民用建筑，以公建及居住建筑为主，主要按建筑防火规范进行消防设计。

消防设计界面

对于疏散安全区域，盖板上下分别独立疏散，盖下以车辆段地面为疏散安全区域；盖上则以盖上园林空间作为安全疏散区域，由于综合楼与小区园林空间相接，综合楼以盖上园林作为疏散空间。

无论是盖上还是盖下，在消防疏散过程中，均通过疏散楼梯、景观退台等疏散至地面或安全区域。

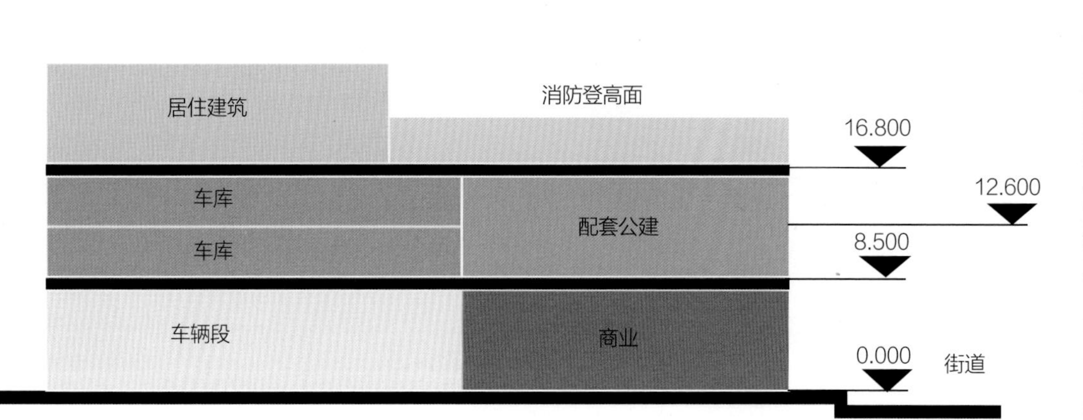

消防车道设计

对于消防车道，则盖上、盖下统筹考虑，盖下部分独立成环，但盖上的综合楼与物业开发，则相互连通，共同成环；

以消防车道所到达的盖板园林标高作为消防登高面设置，从盖板园林以上计算消防高度。

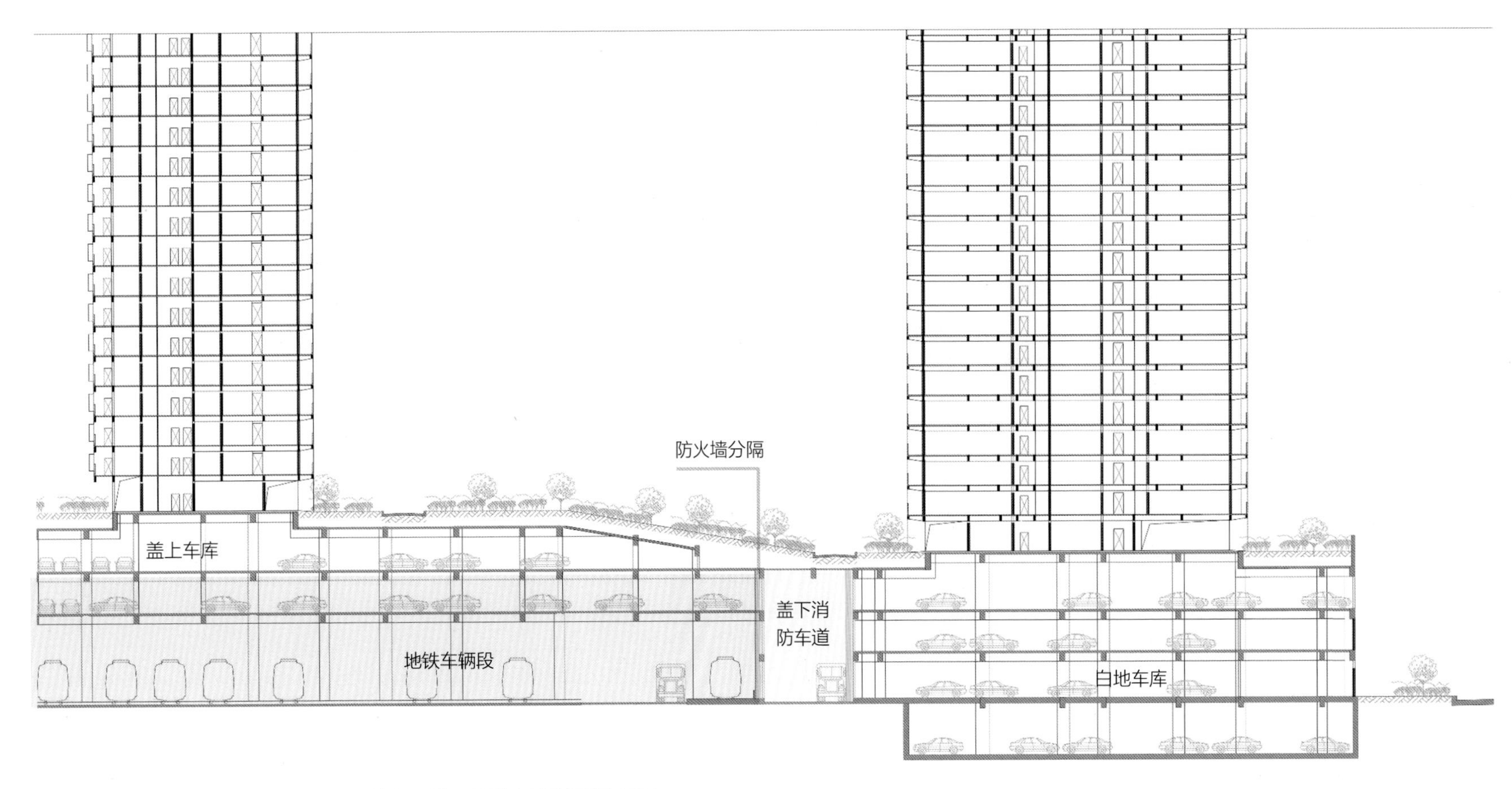

盖上、盖下消防车道剖面示意图

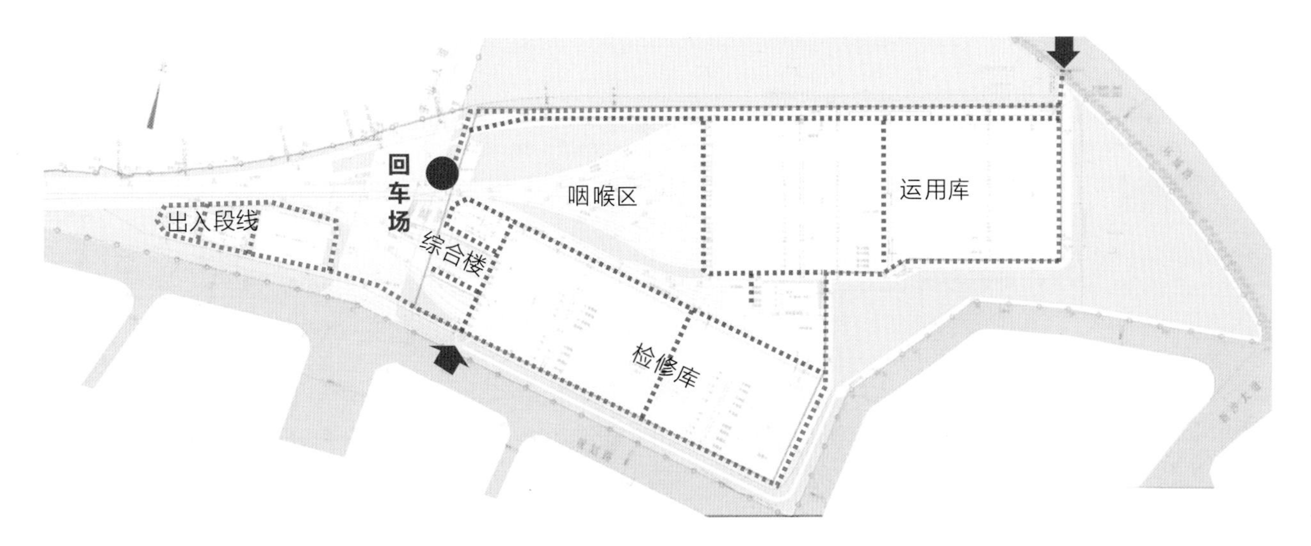

盖下消防车道

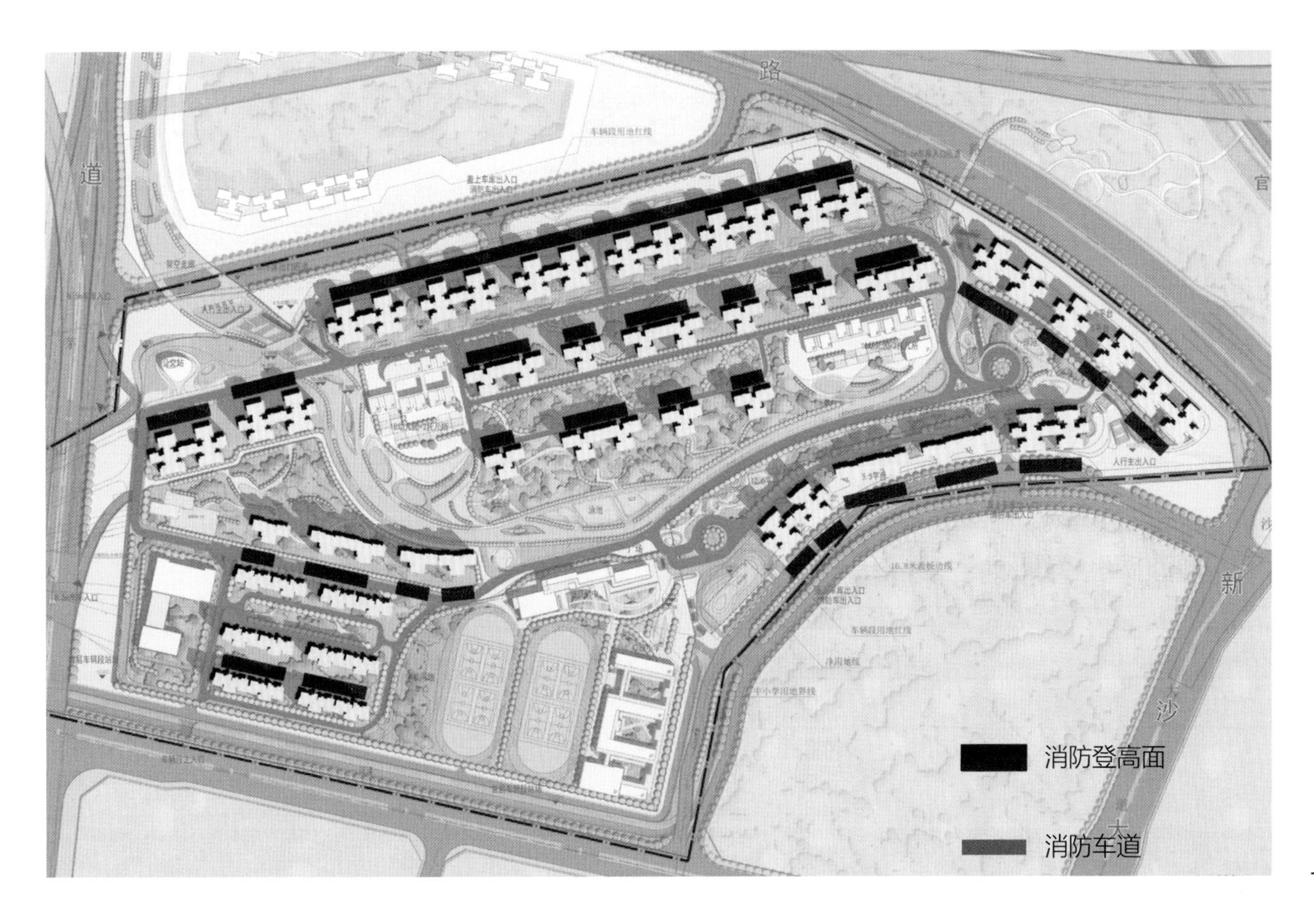

上盖开发消防车道及登高面示意图

上盖方案的深化设计

公建设计

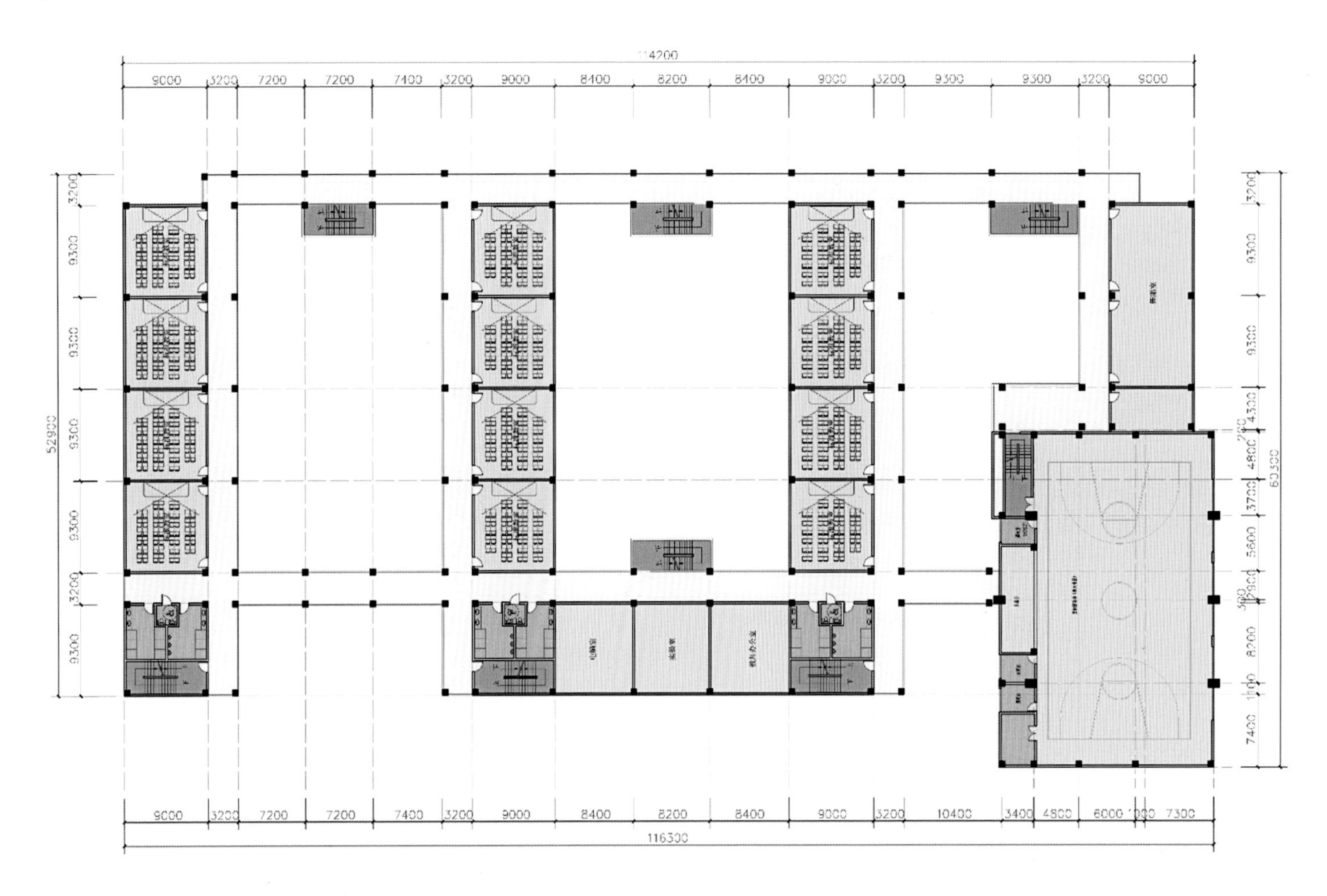

公建单体

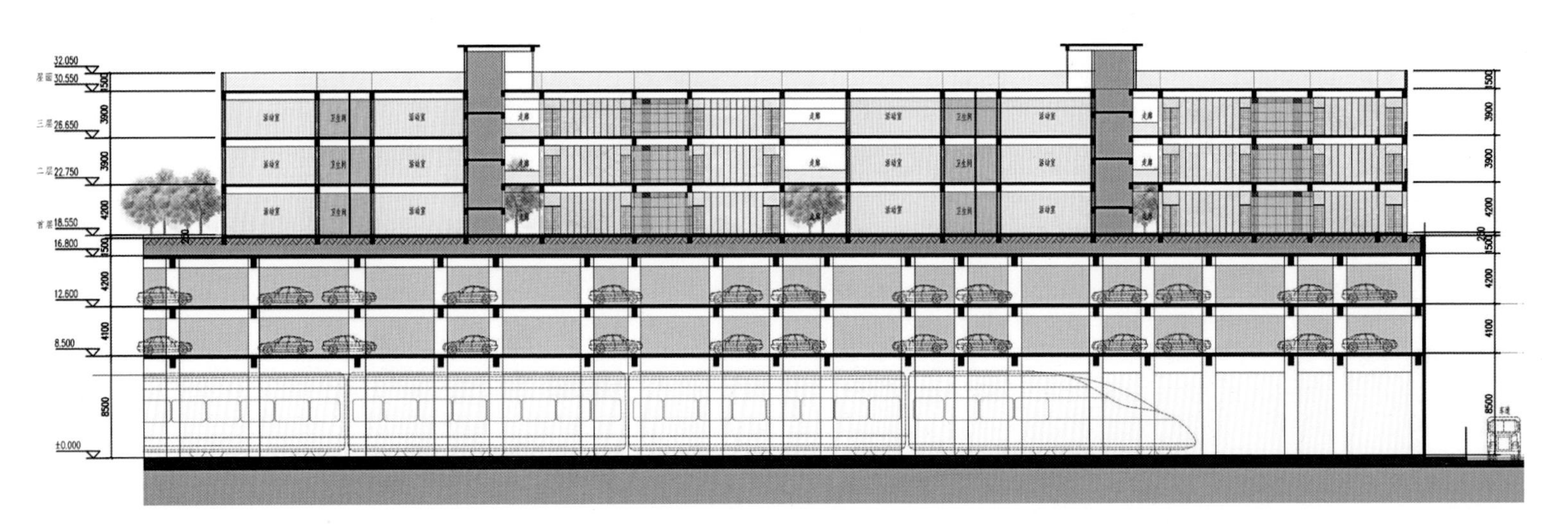

开发预留提资方案，包括总图、剖面、单体建筑、园林、消防等内容。中小学等公建配套，依据《广州市居住区（社区）公共服务设施设置标准》进行深化设计；商业设置于场地两侧，结合沿街界面深化设计。

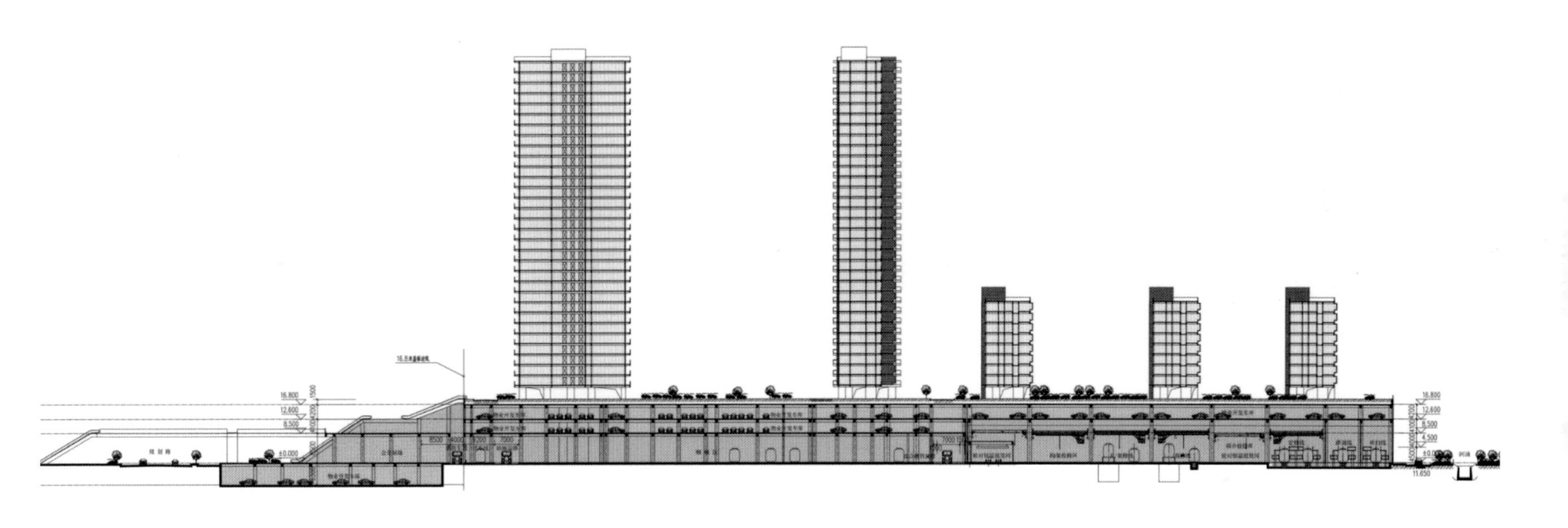

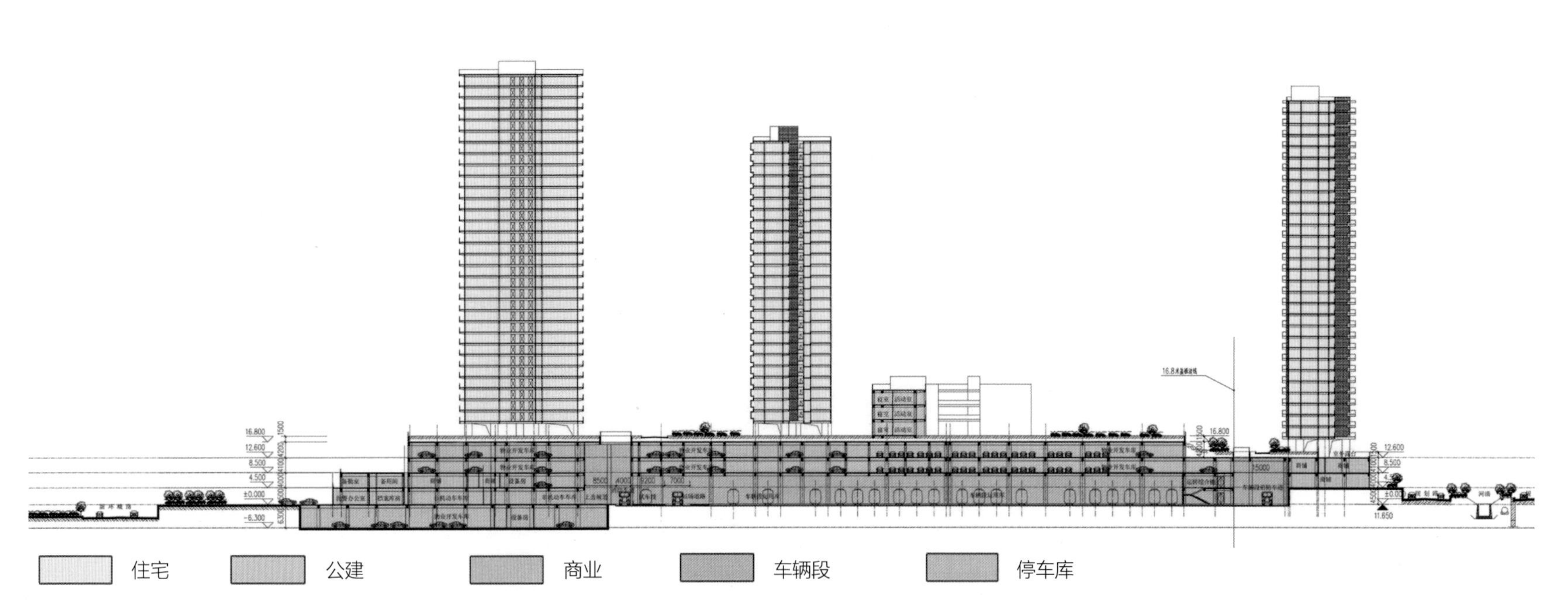

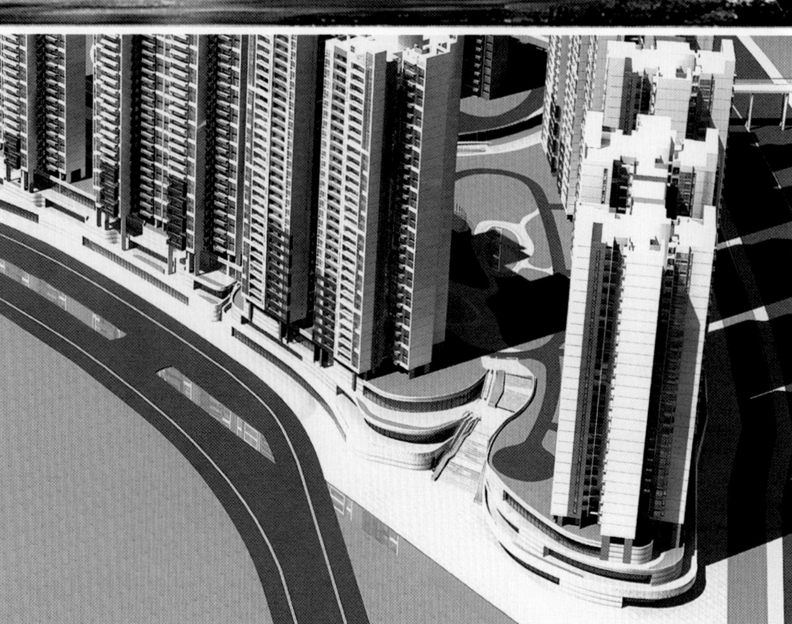

提资方案达到初步设计深度，并对各工程专业提资

提资方案的研究和深化过程中，需合理规划项目内外人车流线，地铁、公交、自行车接驳，地下室人车流线等，进行详尽设计。

建筑布局，需结合盖下站场平面布局、结构、设备等专业进行统筹，要充分考虑，不得影响盖下车辆段空间使用安全。单体建筑分布合理，通风及朝向良好，充分利用景观资源，提高空间利用率和使用系数。空间布局合理实用，对远期使用需求进行充分预留。对施工组织方案前置考虑，有充分的可实施性，同时预留日后二级开发的多种可能性。

提资方案为盖下及盖板施工图设计的依据，也是控制性详细规划编制的技术参考。

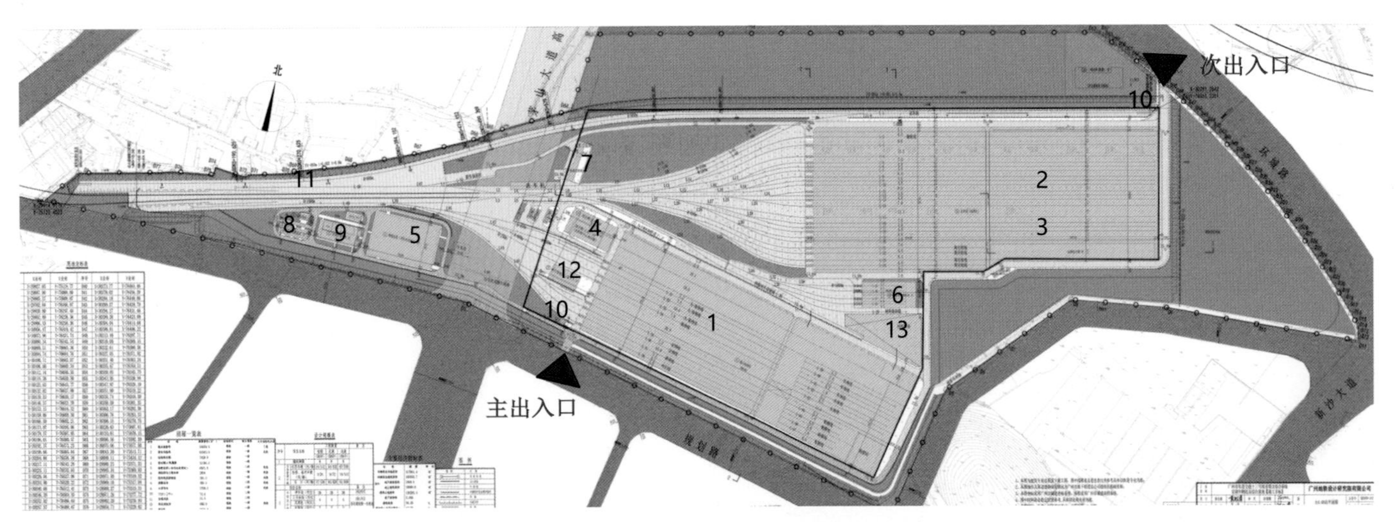

1-联合检修库；2-停车列检库；3-运转办公楼；4-综合楼；5-物资总库（含污水处理站）；6-调机与工程车库；7-洗车机与控制室；8-易燃品库；9-主变电站；10-门卫；11-安保用房；12-牵引变电所；13-材料堆场

官湖车辆段功能总平面（施工图阶段）

车辆段设计

车辆段总图布局

官湖车辆段总平面布置采用联合检修库与运用库尽端式错列布置设计的方案。在茅山大道以东的库房及咽喉股道区全部进行上盖，并在用地东侧及北侧预留开发白地。

运用库的南端设双周、三月检线及运转综合楼，联合检修库位于运用库以南。

茅山大道桥西侧盖板外设有主变电站、物资总库和易燃品库，其中物资总库与污水处理站合设。车辆段的出入场道路设两处。

车辆段优化设计

（1）工艺优化：采用贴膜工艺代替喷漆工艺，解决了库区的火灾危险性问题；

（2）轨距优化：车辆段轨道优化线间距适当收窄，腾挪出盖上结构落位空间；

（3）净高优化：优化工艺及管线排布，压缩盖下净高，满足盖上设双层车库条件；

（4）减振降噪：试车线排布在最北侧，做减振降噪设计；

（5）综合管线：在地下设置综合管沟，在盖板下方设置综合支吊架；

（6）盖板变形缝优化：针对国内多地车辆段上盖开发盖板伸缩缝出现的问题，官湖车辆段盖板伸缩缝设计作了优化，将结构板设置成“1+7”字形的并列设置方式，与原变形缝盖板（80mm 盖板）相比得到很大加强。

联动优化——平面布局

车辆段作为综合基础设施，造价高，占地面积大，功能工艺复杂，需充分利用空间资源。为了使土地利用效益最大化、集约用地、节约工程投资，从设计源头考虑优化设计，车辆段工艺专业对检修空间进行合理利用及整合，创造有效的开发条件。

平面布局和提高开发量的优化：

（1）争取条件创造白地；

（2）优化轨道创造结构落地条件；

（3）利用咽喉区、检修库区布置低层建筑、运动场等。

盖上、盖下一体化布局关系

盖下	结构方案	盖上
运用库层 层高 8.5m	核心筒落地	布置高层建筑
检修库层 层高 12.6m	跨度较大 结构全转换	布置学校、操场、洋房等多层建筑
咽喉区 层高 8.5m	局部结构落地	结构落地区域布置高层；保证开发量；轨行区以多层商业为主

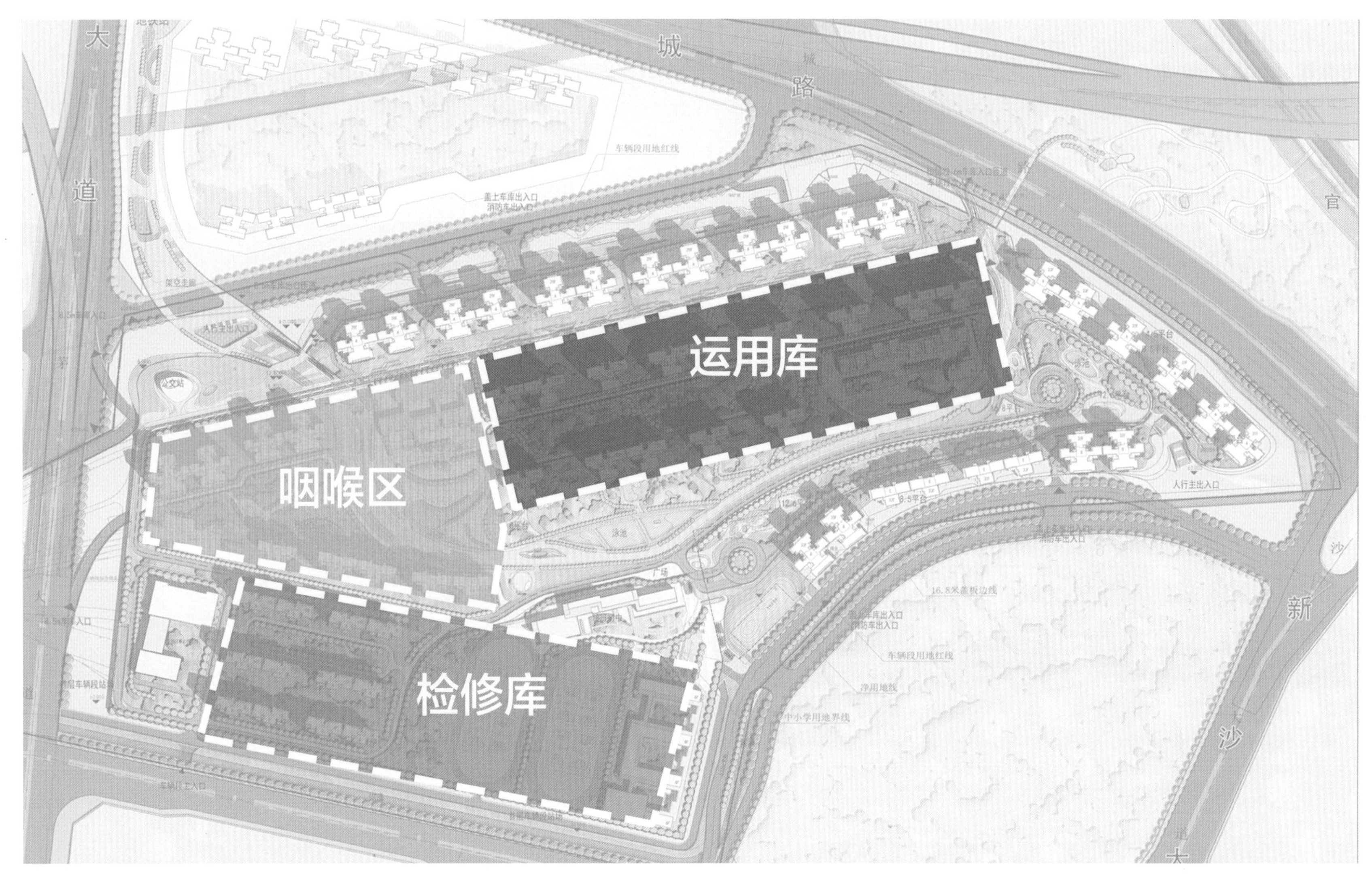

1. 车辆段单体建筑集中布置，为茅山大道东侧创造白地条件

茅山大道以西为出入段线区域，场地狭长，开发效率不高。将车辆段物资库等单体建筑，集中设置在东侧区域。西侧根据上盖塔楼的布局，腾挪出连续白地区域。

2. 腾挪调机库，减少盖板，增加白地面积

通过缩短材料装卸线长度、调整库边道路布局，将调机及工程车库向西侧平移。通过这种优化，减少了铺轨范围及盖板面积，增加白地面积 9510m^2。

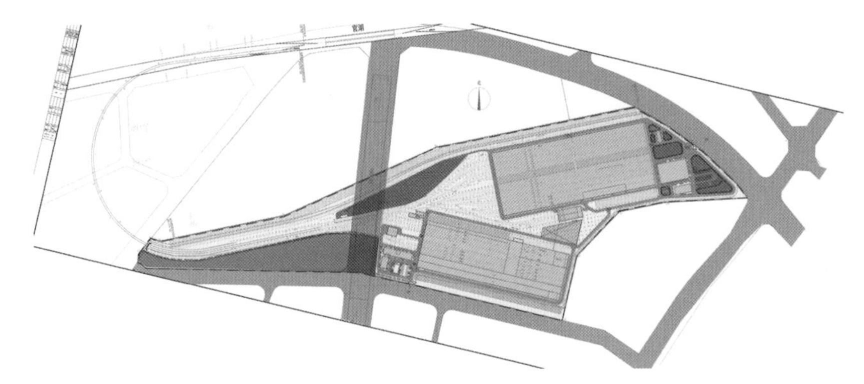

原始车辆段布局

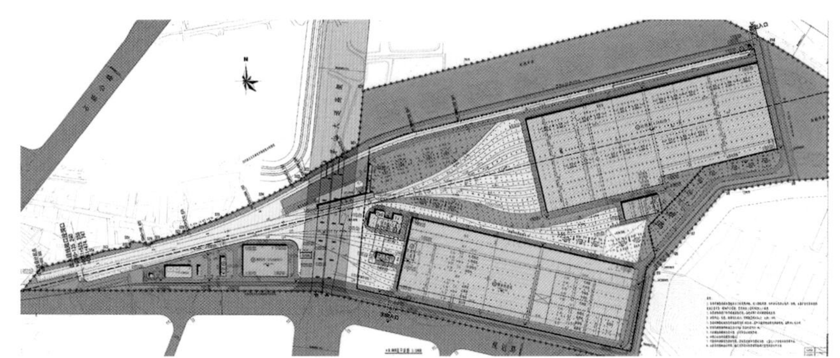

功能置换后车辆段平面布局

原设计方案

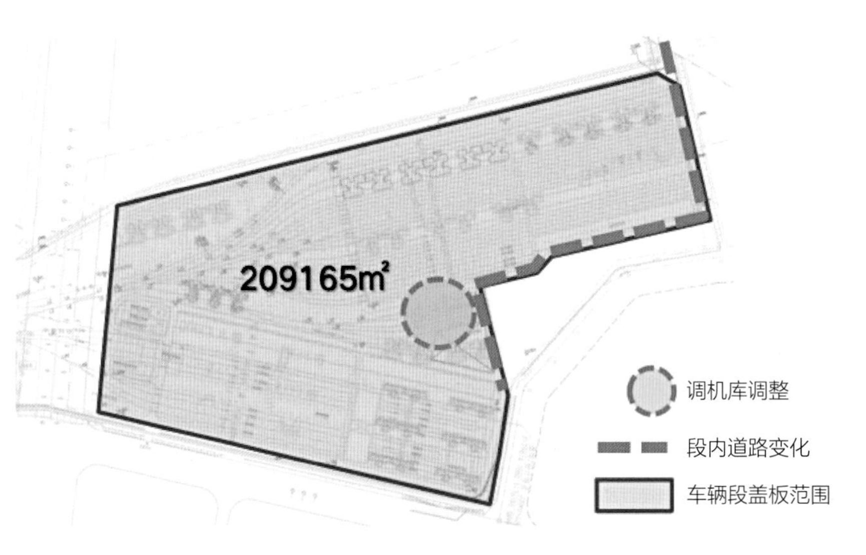

优化方案

3. 在运用库区拉开线间距，设置核心筒落地，增加上盖开发总高度

受盖下结构限制，国内车辆段上盖主要为低强度物业开发（结构总高不大于 50m）。本项目结构专业与建筑专业、工艺专业共同研究，在保证车辆段用地不增加的前提下，局部拉开线间距设置核心筒落地，使盖上建筑物业开发总高度达到 85~120m，大大提高地块可开发的容积率。拉开核心筒可落地范围约 6m，盖上住宅采用部分框支剪力墙结构（核心筒落地）。

4. 在咽喉区通过轨道布局优化，创造结构落地条件

咽喉区轨道呈发散的状态，不利于盖上车库和塔楼的结构落位。在满足功能的前提下，尽可能收紧咽喉区，腾挪出咽喉区南北两侧无轨道的“白地”，创造结构核心筒落地条件，有效提高咽喉区的利用率，提高开发量。

5. 检修库上方通过转换层设置低层叠墅及教育配套

在大跨度的检修库移车台上方设置转换层，布置低层叠墅、教育配套、运动场等荷载相对较少的建（构）筑物，高效利用每一块土地。

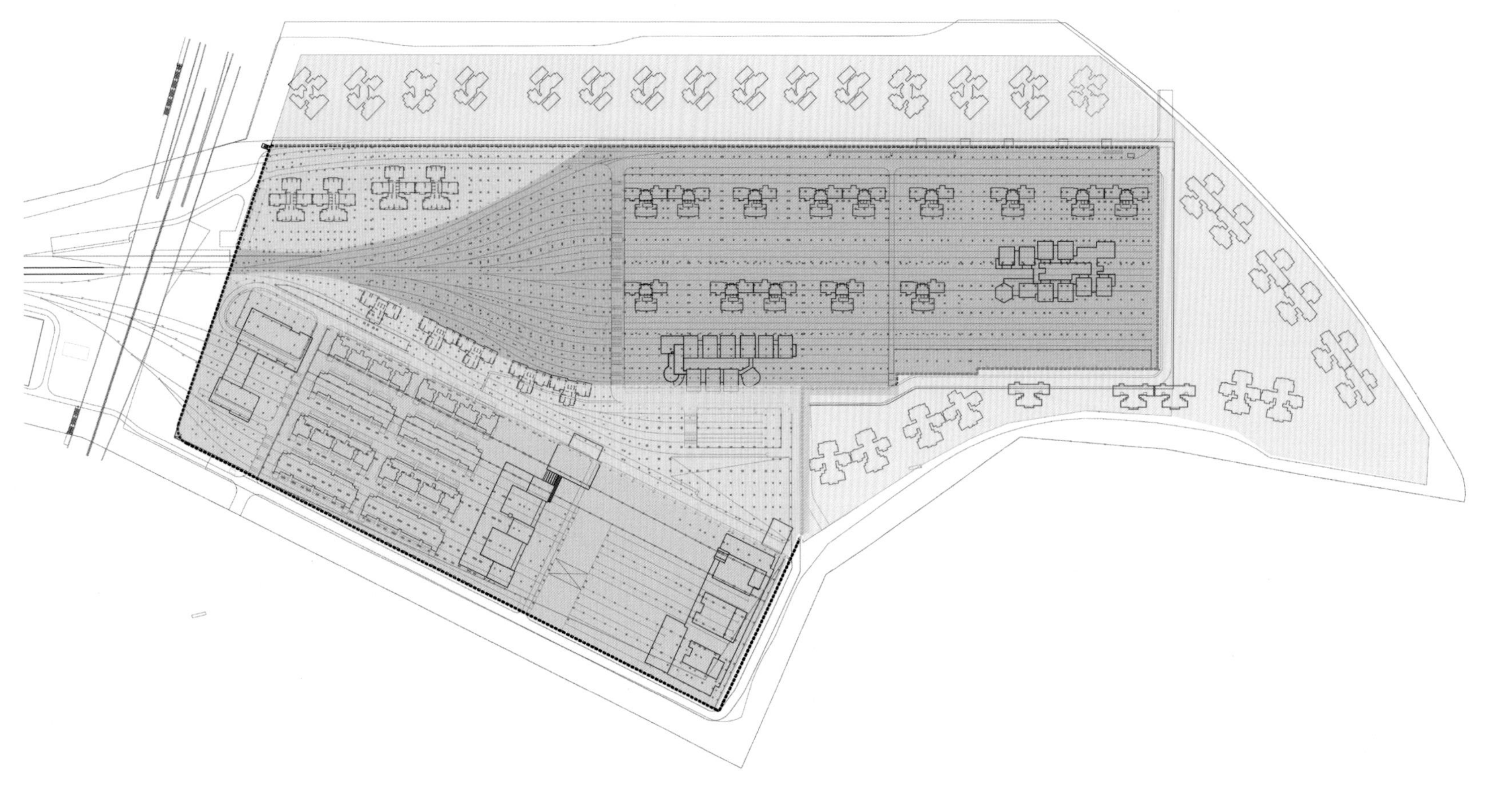

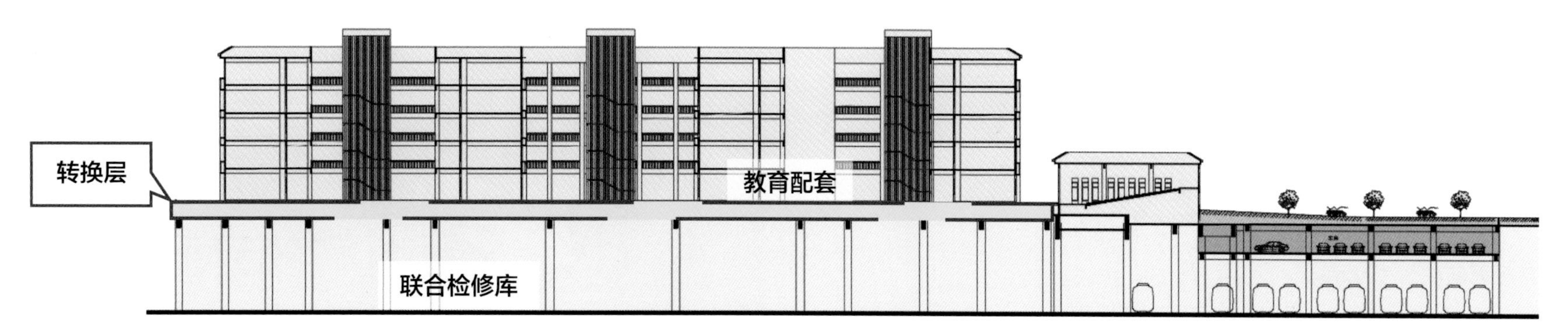

通过转换层，检修库上方布置低层叠墅

检修库上方设置教育配套及低层叠墅

优化工艺净高，增加盖板车库

上盖物业开发的投资增加部分主要集中在立柱和盖板。通过车辆段工艺专业对检修空间进行合理利用及整合，降低了库房高度。在满足工艺使用要求的前提下，提高上盖物业的开发品质，优化工程投资的效果。

运用库净高：运用库板面标高从原方案的 9m 优化为 8.5m，增加一层车库，该层车库板面高度为 12.6m。

检修库净高：优化检修库部分，将板面标高从原方案的 15m 优化为 12.6m，使得板面标高与运用库上增加的车库板面高度一致。

车辆段净高的优化，为盖上做双层车库创造了条件。

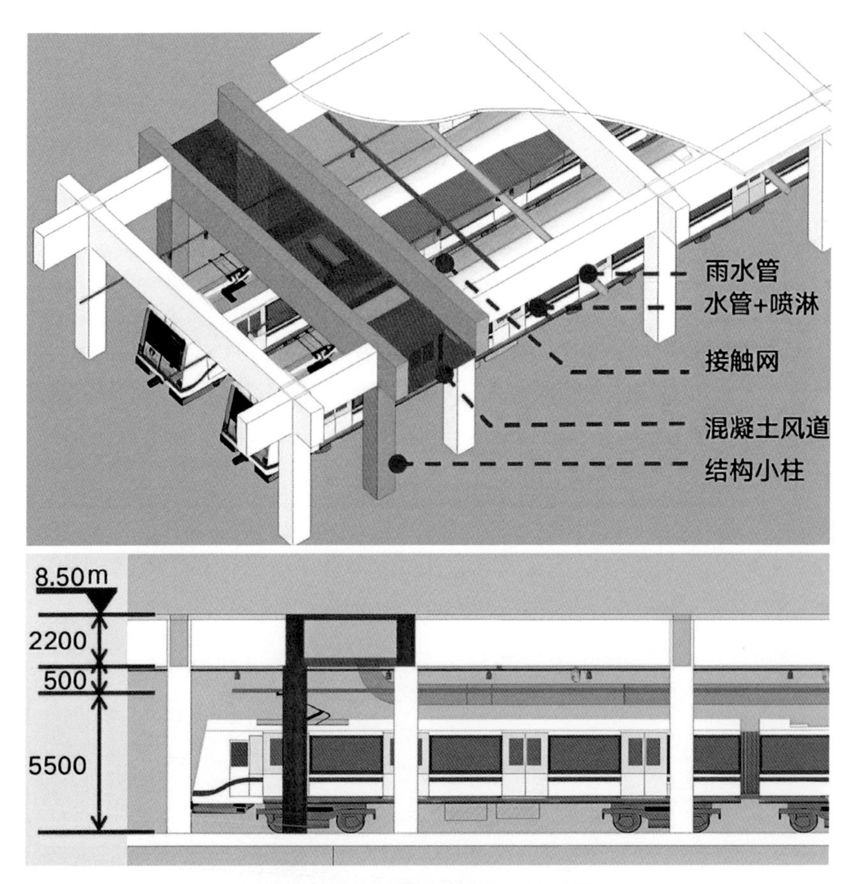

运用库双周 / 三月检线竖向空间优化

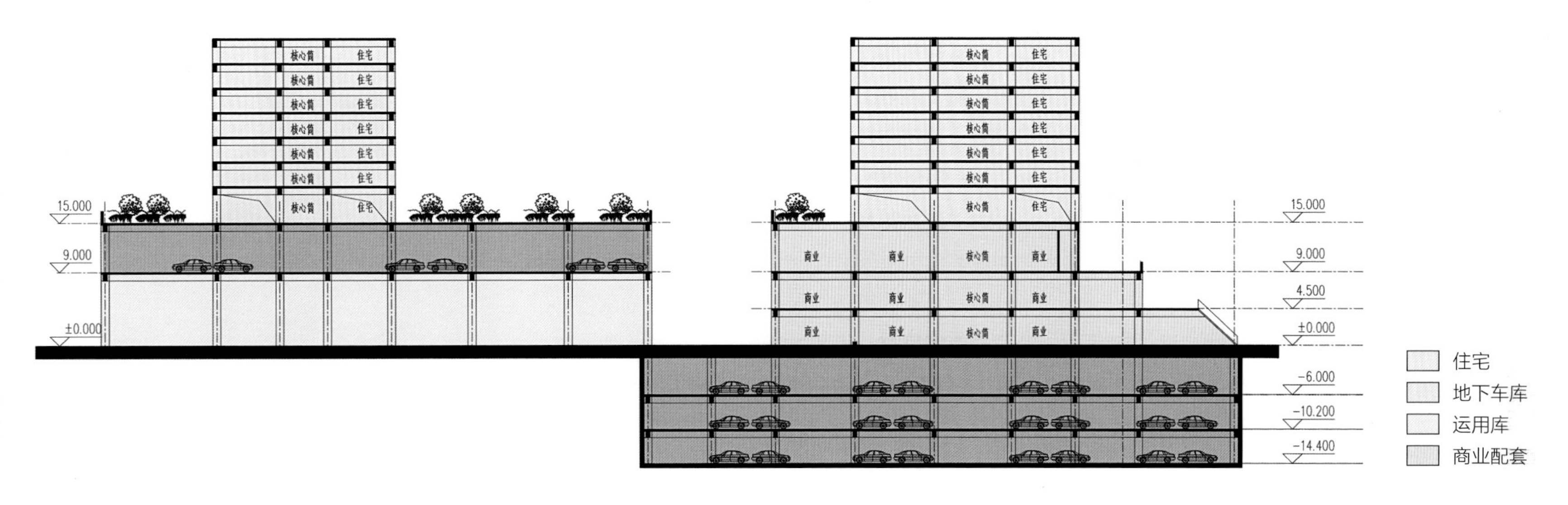

（优化前）盖上一层车库 + 地下三层车库方案

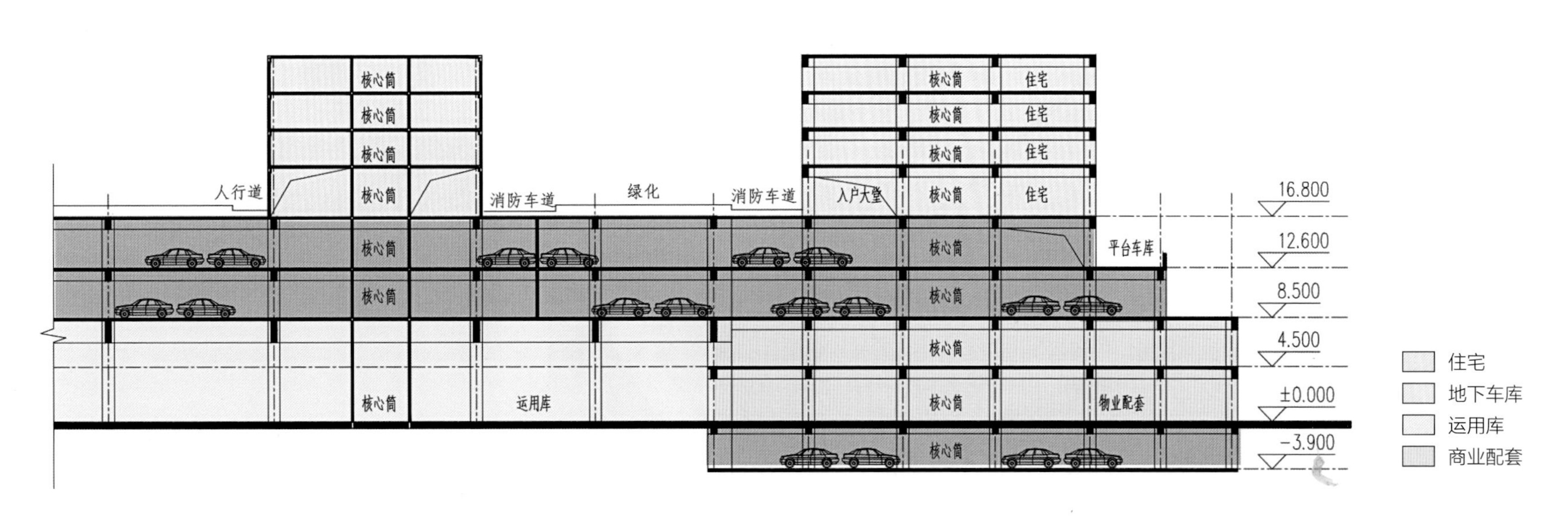

（优化后）盖上两层车库 + 地下一层车库方案

车辆段盖板设计

官湖车辆段地块按功能大致可分为一板六区：综合楼区（A区）、联合检修库区（B区）、咽喉区（C区）、停车列检库区（D区）、调机库及材料堆场区（E区）及首期盖板无轨区（F区）几个部分。

盖板的结构预留设计需结合车辆段本身平面布置的特点，并满足上盖开发方案，同时兼顾可实施性、灵活性。

2015年，盖上建筑、结构、机电等全专业配合盖下工艺，协同完成上盖开发的总平面设计。总平面报建获批后，进行盖板的结构预留设计。

盖板结构预留设计包含柱网设计、荷载预留设计、盖下净高控制、盖板孔洞预留、盖板分缝及市政接口预留等。预留设计需遵循以下原则。

柱网布局：柱网落位和盖上结构落位，需要结合盖下轨道间隙布置，并兼顾盖上停车效率。

盖板标高：满足盖下结构梁下净高的工艺要求。运用库、调机库等功能净高要求较大，形成了盖板的高差。这些留待二级方案消化处理。同时盖板需考虑找坡排水，因此盖板标高随找坡而变化。

盖板孔洞：盖板投影内的消防车路径上方，需在盖板上留出排烟洞口。二级方案需注意盖上建筑与盖下排烟井的距离要求。

盖板分缝：盖板分缝宜规整，需考虑盖板分缝对盖板排水的影响，结合排水方案设计。上盖建设分期及组团布局，宜结合盖板分缝划分，有利于分期建设阶段结构与建筑的同步。

盖板荷载：上盖方案的车库层数、覆土厚度、设备布局、消防车路径、施工方案、建筑高度等，都会成为盖板结构荷载预留设计内容。盖板荷载预留过大，则造成结构浪费；预留不足，则限制了二级开发调整的灵活性。各专业提资需尽量详细稳定，并结合项目经验，平衡考虑预留余量。

官湖车辆段盖板结构分缝情况鸟瞰

广起

塔楼结构的预留设计

本车辆段上盖物业开发住宅共有 1T6、1T3、1T4、叠墅等户型，盖板范围还有小学、中学、两个幼儿园及公建配套等盖上建筑。

结构预留的三种方式

二级开发住宅或其他塔楼的设计前置，主要影响为落地结构的预留，通常分为以下几种情况：

全框支剪力墙结构

能在有限的结构荷载范围内进行二次转换，提供后期二级开发设计的调整余地。

部分框支剪力墙结构（核心筒落地）

在二次开发过程中，对于建筑方案调整的限制较多。

电梯井道按剪力墙落地的方式预留，二次开发设计过程中，电梯井道的位置及尺寸需保持不变。

框架托柱结构

通过结构转换层实现全转换，上盖结构柱位不受盖下影响，较为灵活，但结构承载力有限，适用于盖上车库、景观平台或多层建筑。

不用区域结构设计

根据车辆段不同工艺空间的落柱条件，采用不同的预留方案：

运用库区

对于运用库的空间，盖下层高约 8.5m，通常柱跨较为标准，柱跨可按 8m 左右进行预留，相对较经济，同时可以布置标准的高层住宅单体。结构形式为部分框支剪力墙，预留开发高度 100m。

咽喉区

对于咽喉区，盖下层高约 8.5m，盖下轨道多呈放射状布置，轨道密集区由于开间变化较大，柱跨不规则，柱网较难规整布置，因此通常不适宜布置高层建筑，适合按多层建筑的柱网进行预留。预留开发高度 40m。

在咽喉区两侧较窄长的区域，为可适当加大预留的空间，结合常规住宅塔楼的宽度，有 20~30m 的空间预留结构柱网，基本可满足结构柱直接落地布置高层建筑的需要。

检修库区

当盖下为检修库的空间时，通常跨度较大，本项目的盖下检修库柱跨间距 16~18m，层高为 12.6m。检修库区域的柱跨虽大，但较为规整，仍可在原预留设计时，按高层建筑预留转换柱，但电梯井道的剪力墙落地布置对盖下的使用空间影响较大，因此未考虑电梯筒结构的落地布置，而是按全转换考虑，二级开发阶段在预留的盖板上方直接设置结构转换层。移车台的柱跨更是达到了约 30m，受限于该区域结构柱跨较大，上方二次开发按高层建筑实施较为困难，按多层建筑实施较为合理。

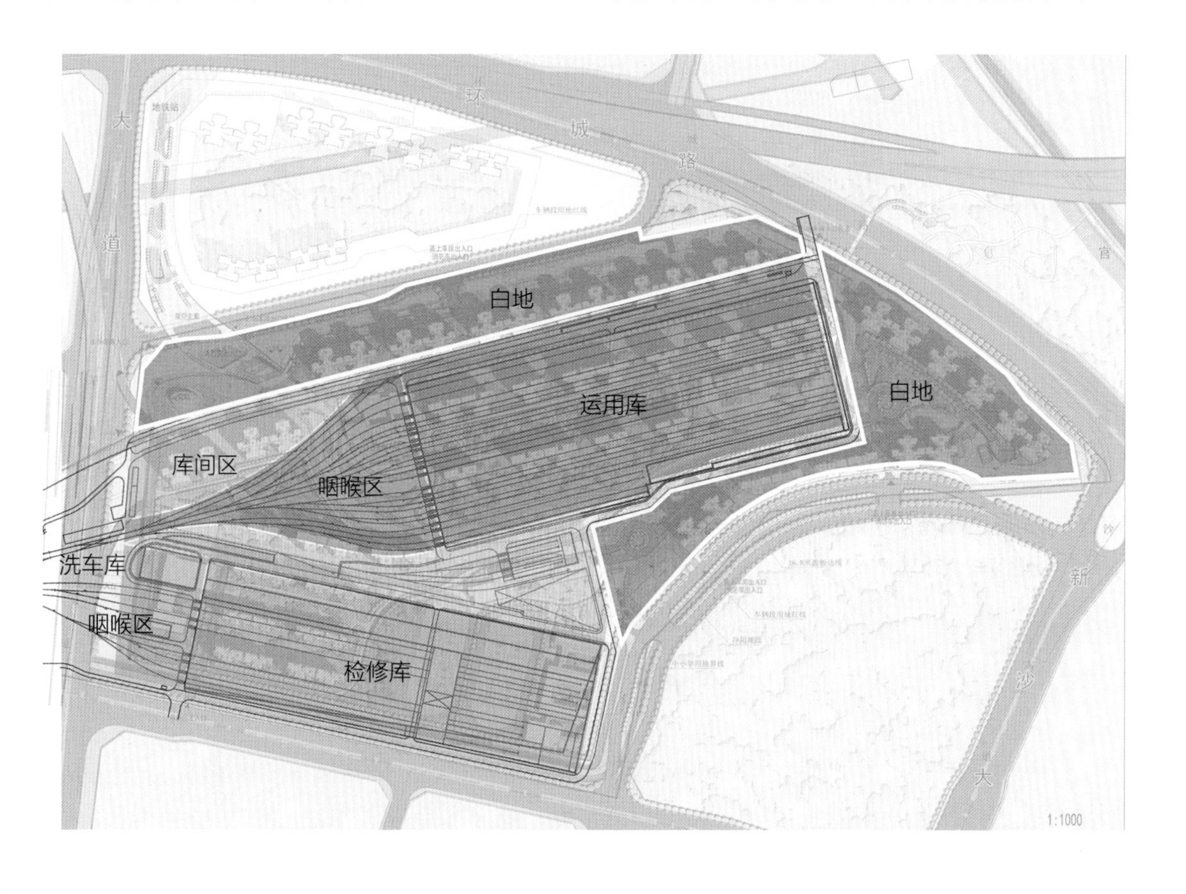

盖板设备房预留设计

当车辆段盖板上方为地下室时（机动车库及设备房），除了机动车库外，需提前预留的设备房荷载有水泵房（水池）、变配电房、发电机房等，因此在预留阶段，车库的平面布置应完成至初步设计深度，将需提前预留荷载的设备房区域稳定，并适当放大预留区域，适配后期方案调整带来的变化。设备房的区域应结合车库预留设计的层高以及设备房的净高要求进行考虑。

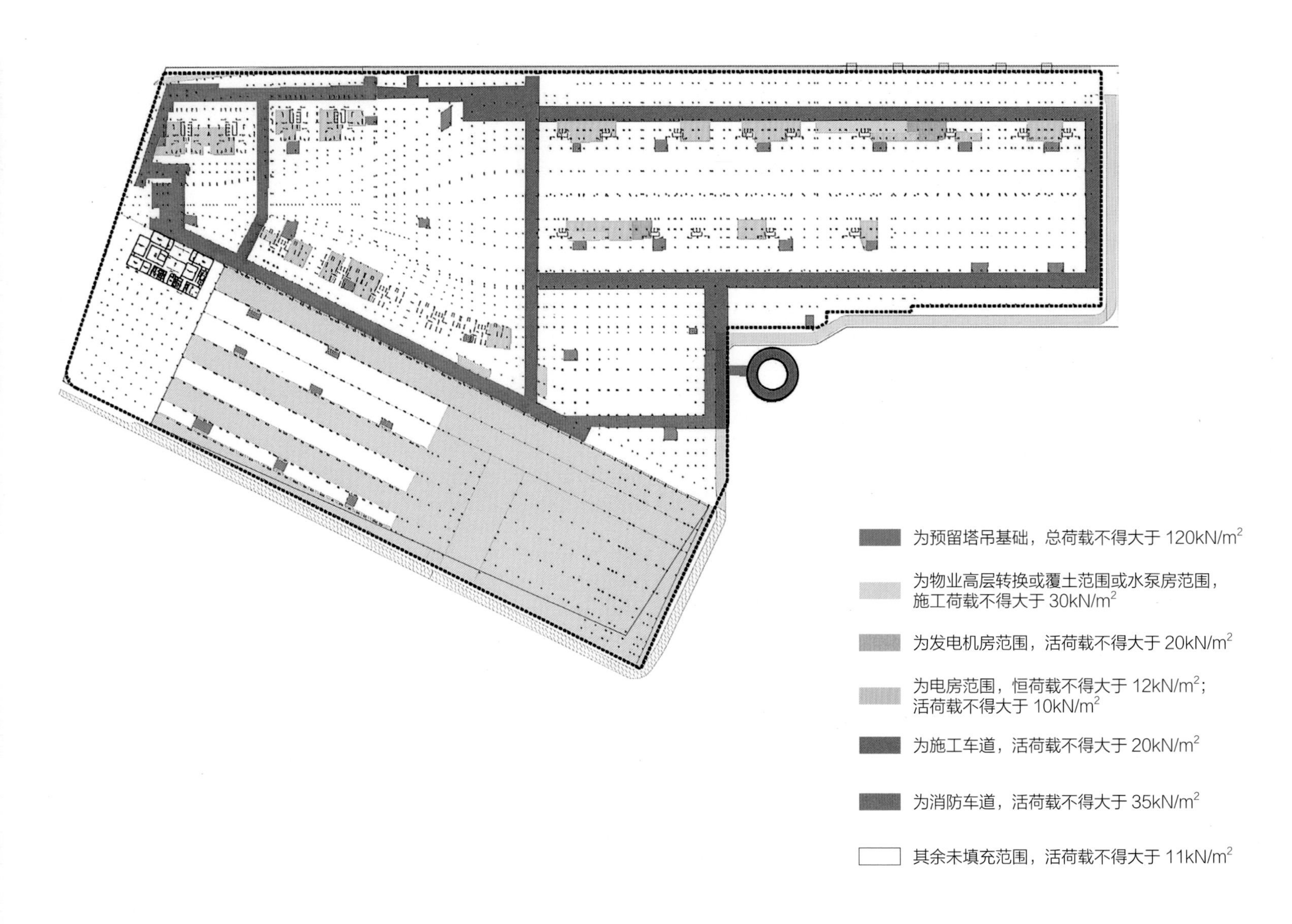

施工车道活荷载不得大于 20kN/m^2，消防车道活荷载不得大于 35kN/m^2。

盖板预留物业开发施工荷载

考虑到物业开发施工时，盖下车辆段已运营，盖板上需考虑物业开发的施工荷载，以确保物业开发在不影响车辆段运营的前提下顺利施工。施工荷载计算如下：

（1）一层盖板施工荷载按屋面混凝土表观密度（3000kg/m^3）计算，并加上施工人员、机械、脚手架 2kPa。

（2）塔吊基础荷载：120kPa，区域：6m×6m。

（3）施工车辆通道荷载：尽量利用消防车道，其余施工车道荷载取 20kPa。

从项目实施情况来看，对施工限制较大，但如提高标准则成本增加较大。

为更高效地实施，可结合消防车路径，统筹考虑项目的分期，保证施工车道可满足分期建设的要求。

负二层盖板已考虑施工荷载，要求施工时脚手架应在负二层～首层覆土盖板构件混凝土底连续搭设，负一层盖板强度达 100% 后方可浇筑首层覆土盖板混凝土，首层覆土盖板混凝土强度达到相关规范要求之后，方可拆除负二层～首层脚手架。

结构预留考虑二次开发调整空间

结构预留建筑高度调整条件

国内车辆段盖上主要为低强度物业开发（结构总高不大于 50m），为了使土地利用效益最大化和集约用地，本工程车辆段布局时，结构专业与建筑专业、工艺专业共同研究，在保证车辆段用地不增加的前提下，局部拉开线间距，设置核心筒落地，使盖上建筑物业开发总高度 85~120m，大大提高地块可开发的容积率，拉开核心筒可落地范围约 6m，上盖住宅采用部分框支剪力墙结构（核心筒落地）。

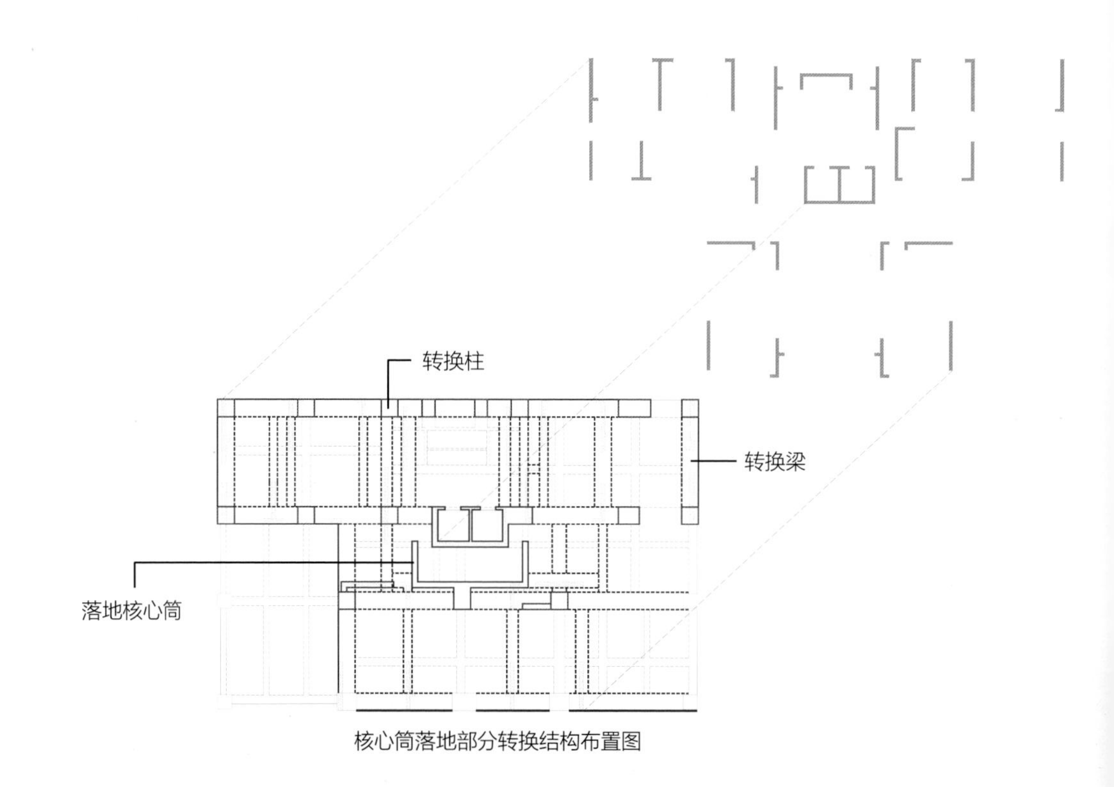

核心筒落地部分转换结构布置图

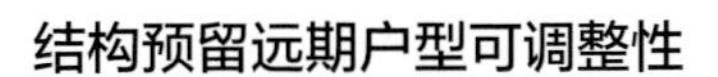

结构预留远期户型可调整性

本工程裙房设置三层盖板，首期实施 8.5m 盖板，为预留远期户型可调整性，把转换层设置在远期实施的 16.8m 盖板处（裙房顶板处）。二期物业开发深化设计阶段，由于转换层未施工，上盖设计阶段，户型可在框架转换柱预留范围内进行调整，仅需重新进行转换层设计，并复核已施工的柱及基础承载力即可。

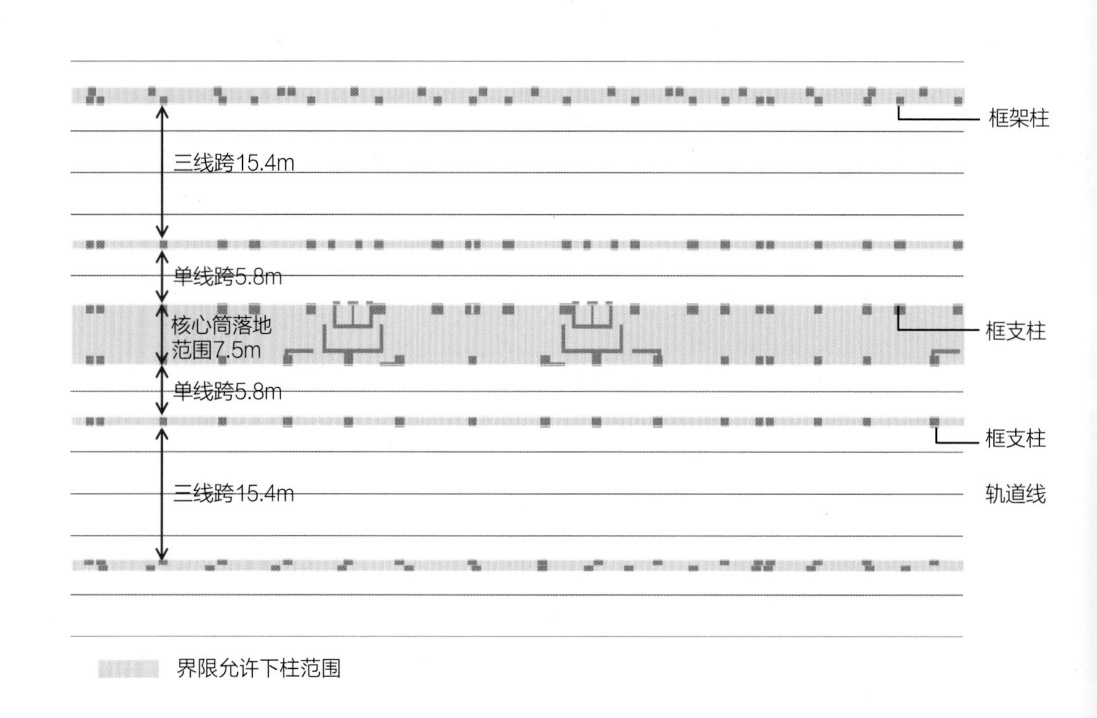

盖板结构柱对二级开发接口的预留

由于上盖物业开发时，首层盖板梁板柱及基础已与车辆段同步实施完成，需要考虑预留远期物业开发的条件，竖向构件墙柱钢筋已完成预留并浇筑泡沫混凝土保护（上盖施工时凿除泡沫混凝土，用接驳器连接既有纵筋继续施工）。

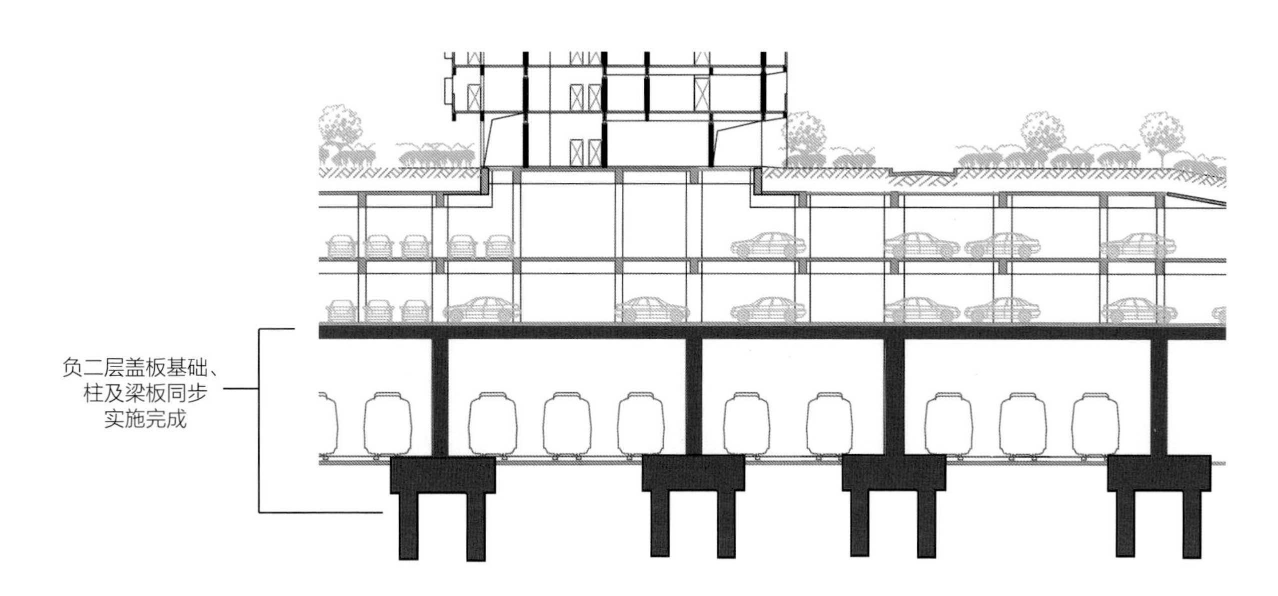

盖板排水预留设计

一级盖板的给水排水设计主要内容为盖板的雨水排水。一级盖板的主要排水设施有排水沟、集水井、虹吸雨水斗。官湖车辆段上盖板采用了永久的集水井以及临时虹吸雨水斗的组合排水方式。

1. 虹吸压力流排水系统

虹吸雨水排放系统，横管不需要坡度、管径较小，立管及雨水斗数量较少，便于建筑、综合管线的处理；雨水井少，室外地面开挖工作量少，施工简单快捷，系统排水效率高，虽然造价高于传统的重力排水系统，但结合上述优点，综合考虑性价比高于传统重力排水系统。

本项目虹吸压力流排水系统总汇水面积约为 20 万 m^2，为广州地铁规模最大的虹吸雨水系统（截至 2017 年项目建设时期）。虹吸雨水斗覆盖整个盖板区域均匀设置，间隔约为 20m。盖下设置管网排走雨水。

实践中存在的问题：盖板的虹吸雨水斗管道需设置在库房内部，横向管道有可能穿越接触网，对运营安全有一定的风险，且不便于检修。二级开发实施后，盖下出于运营管理界面的要求，将盖上虹吸雨水斗的排水口进行了封堵，给二级开发后局部依赖虹吸雨水排水的封闭转换空间的排水带来了困难。

2. 集水井系统

根据二级开发方案，在核心筒电梯下预留有集水井，供二级开发阶段使用。原盖板预留按 20~30m 的距离设置。预留集水井在施工过程中可用作盖板临时排水坑，在施工后可作为车库内永久排水井，配备自动控制的潜水泵。

集水坑亦可用于放置收集二级开发时作为商业卫生间或餐饮污水的密闭提升设备，灵活处理相关功能需求。

在变形缝附近预留集水井，当变形缝渗漏时就近将渗漏水收集至集水坑，减少对车库及盖下车辆段的不利影响。

3. 市政接口的预留

给水排水专业市政接口主要考虑自来水接口、雨污水接口，部分车辆基地建设位置位于未开发区域，其周边市政配套设施不健全，在车辆基地进行市政配套设施的设计建设时，应同步考虑上盖二级开发的需求，根据其规划人口及配套设施的用水、排水需求，综合考虑车辆基地周边的供水、排水管网系统的建设。

基于上盖开发建设的不确定性，宜在地块不同方向多预留一些盖上给水、排水设施的接驳条件。

电气预留设计

1. 防雷接地

上盖开发项目是利用车辆段上部空间进行建设，上盖物业与车辆段按整体建筑物统一考虑防雷、接地设计，防雷接地系统需相互连通，接地电阻不大于 1Ω。车辆段及上盖物业开发均按照二类防雷建筑设计。二级开发未实施时，8.5m 及 12.6m 盖板为车辆段的临时屋面，二级开发后，盖板为上盖开发的一部分。

盖板防雷设计时，需根据上盖开发的需求，预留盖上建筑防雷引下线接驳点，接驳点处的钢筋头部在浇筑结构柱头前应用黄色油漆做好标记，以便后期上盖物业实施时继续往上引接至屋面。车辆段盖板作为临时屋面，应在屋面设置由接闪杆和接闪网混合组成的接闪器，接闪网由在女儿墙明装的接闪带和屋面结构主筋组成，并在整个屋面形成不大于 10m×10m 或 12m×8m 的网格。后期实施上盖物业时，盖板层的防雷接闪器拆除，柱头接地预埋镀锌钢板则保留，作为盖上车库设备用房、充电桩等用电设备的接地端子的引接点。

车辆段接地装置采用人工接地网与自然接地体相结合。自然接地体由桩基主筋、承台主筋、结构梁主筋等建筑物结构主筋组成。

2. 电气设备房荷载的预留

根据南方电网的要求，10kV 开关房及公用变压器电房必须设置在建筑物首层。但车辆段上盖项目是利用车辆段上部空间建设，具有特殊性。本项目周边道路现场绝对标高为 4.34m，8.5m 盖板车库层（负二层车库层）的绝对标高为 15.84m，12.6m 盖板层（负一层车库层）的绝对标高为 19.94m，均比周边道路高出 10m 以上。为了节约用地，与供电部门沟通后，变配电房设置在车库层，在盖板设计时预留好上盖开发电气设备房的荷载。

3. 盖上、盖下消防信息互通预留

根据《地铁设计防火标准》GB 51298—2018 第 9.1.5 条：“车辆基地上部设置其他功能的建筑时，两者的控制中心应能实现信息互通。”其条文说明指出“为便于车辆基地或车辆基地上部的其他设施或建筑发生火灾时能相互及时了解和掌握火灾情况，以便采取相应的安全措施等行动，有必要采取相应的技术措施，使各自的火灾信息等能在各自的消防控制室或值班室显示出来。”

按规范要求，可通过以下两种途径实现：

方案一：盖下和盖上主机品牌一致时，主机间可通过光纤连接，实现报警信息互通。

方案二：盖下和盖上主机品牌不一致时，通过双方增设输入、输出模块方式就近接入各自 FAS 总线，实现报警信息互通。其中接入地铁侧模块的规格型号以地铁公司的要求为准，统一由盖上报警系统实施及按运营要求调试完成站级及控制中心级监视。

由于官湖车辆段 FAS 采用西门子产品，与本项目（北大青鸟）品牌不一致，因此本项目按方案二实施。

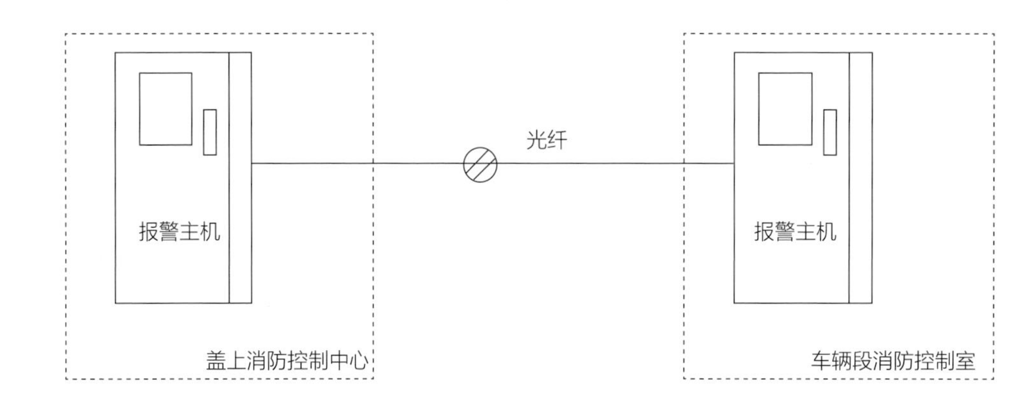

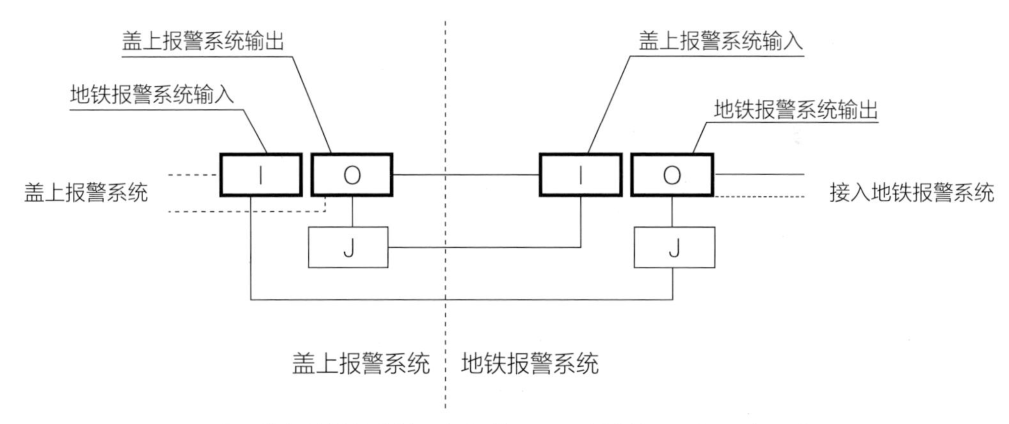

注：接入地铁的末端设备规格型号，以地铁公司的要求为准

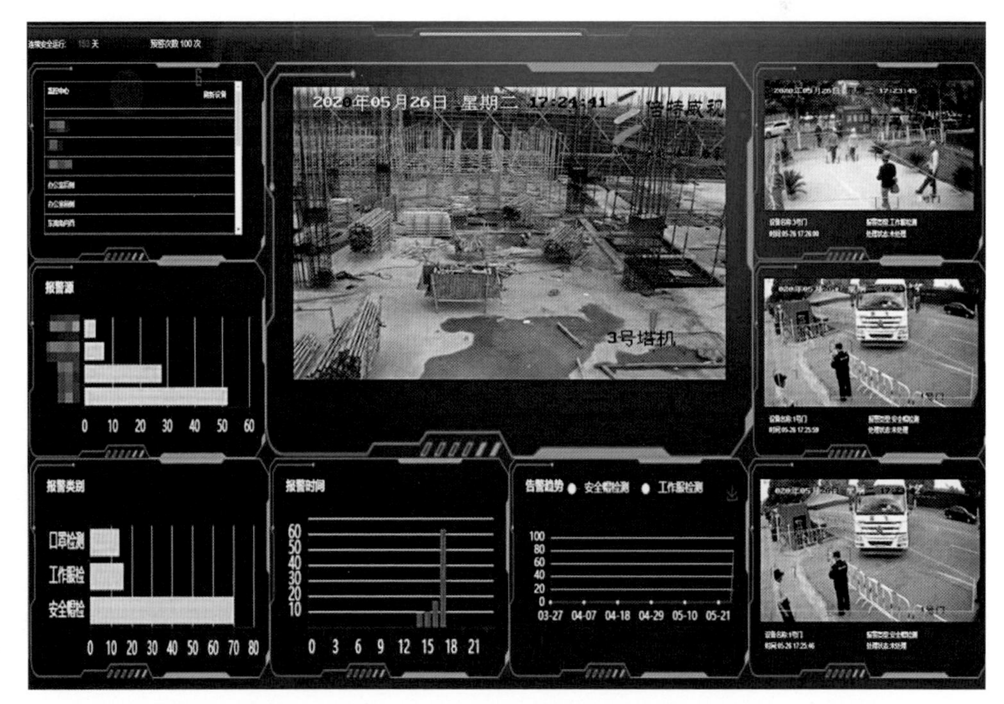

5G 智慧工地 AI 可视化综合监管平台

官湖车辆段现场实景

车辆段上盖开发用地整理及出让

用地分层出让

盖下十三号线车辆段于2016年年底完成主体建设，广州地铁集团对整个车辆段的可开发用地情况进行整理，协调地铁集团内建设、运营、国土、土发等多部门进行沟通，确定了土地分层出让和多维界面划分的基本原则。

2017年盖板建成后移交土地开发中心进行统一储备和出让。出让面积约32.3万m^2，盖板平台面积约20.03万m^2。用途为交通场站用地兼居住用地、中小学用地、地区服务综合区。

上盖综合开发按照上盖平台土地整理出让附带的规划条件所约定的限定性指标及限定性方案进行开发。

权属界面划分

上盖开发的新模式，给盖下地铁运营以及物业开发的使用、管理提出了新的挑战。为了同时保证盖上、盖下各自功能的完整、合理，根据不同的位置采用了水平划分、竖向空间划分、交通界面划分、消防界面划分、管线界面划分等不同维度的划分原则，有独立，有共用，目前从项目运营情况来看，均能满足各自的功能要求，同时也实现了集约土地、共生共存的目标，并成为后续多个车辆段实现用地划分的成功参考案例。

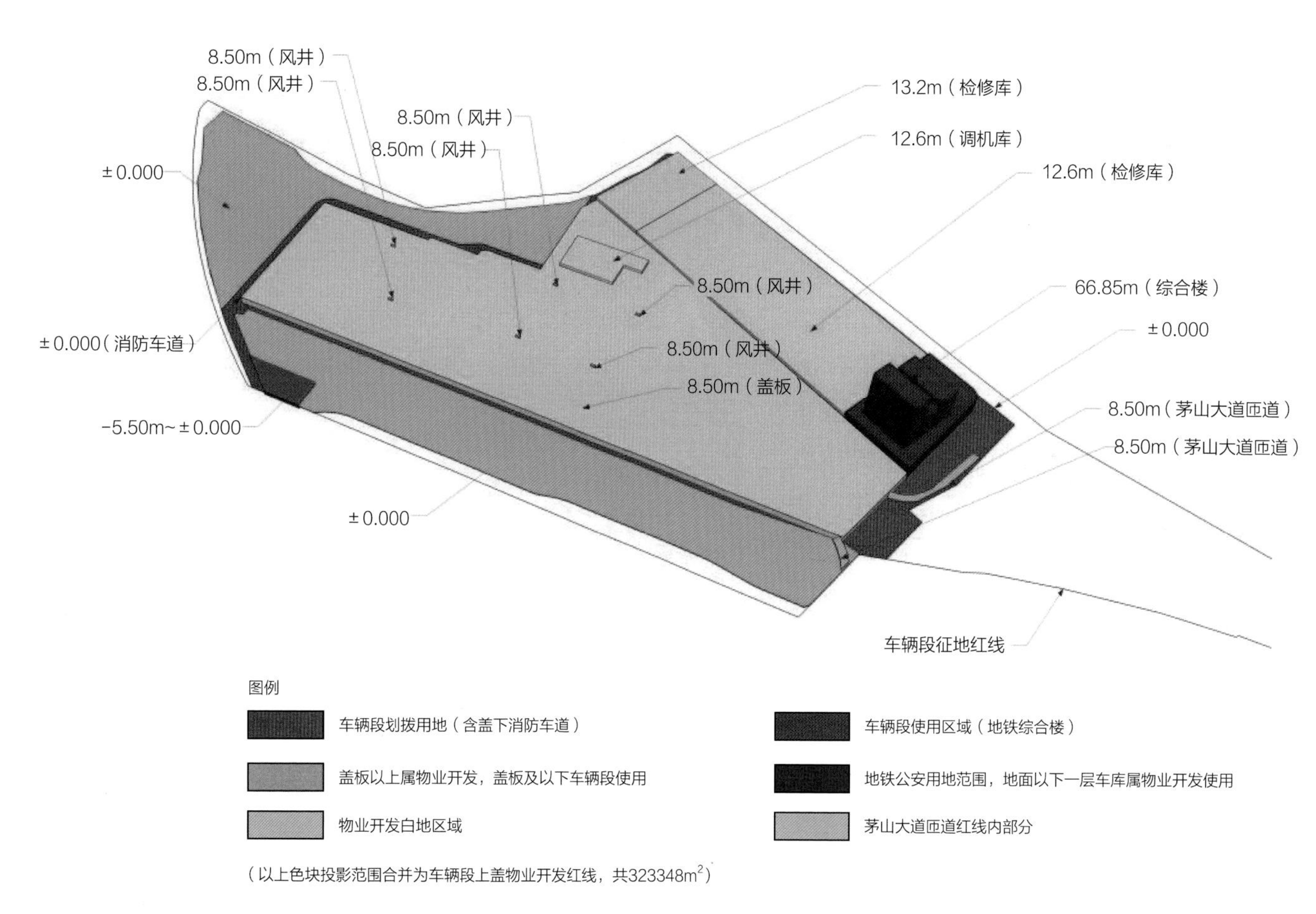

官湖车辆段权属界面划分三维空间示意图

水平界面

物业用地红线：车辆段建设完成后，根据现场实施的情况，进行物业开发用地红线的编制划定，明确物业开发的土地出让红线。

白地边界确定：红线范围内，车辆段不使用，仅作为物业开发使用的空间，为综合开发集约用地。为避免物业开发对车辆段使用造成影响，经过与使用部门沟通论证，以防护网为界，从防护网的中心线外扩 500mm 以外的空间为物业开发使用范围，即白地。

竖向界面

车辆段投影范围内，以盖板面为上下的界面。车辆段功能位于下方，物业开发位于上方。

盖板的权属关系：为保证盖下的结构安全，结构盖板本身应归属于盖下车辆段，饰面层及以上属物业开发空间。

交通界面

车辆段与物业开发的交通各自独立成体系，但在节约用地以及与城市连接界面有限的前提下，可有部分交通流线重叠。

流线共用时，盖上及盖下的出入口一般情况下尽量分开设置，并保持适当距离。本项目地铁员工通道的路径由二级开发盖板车库进行设计，保障员工的通行。

实施界面

同步实施工程完成土建预留，含土建结构、孔洞等；机电部分仅作土建条件预留，如机电预留荷载条件、孔洞条件等。对于影响车辆段验收使用的同步实施工程部分，相关机电条件同步完成。

盖板边缘车辆段防护网 500mm 保护范围

盖板北侧车辆段上盖与白地边界

盖板一角——盖上圆形匝道与盖下出入口道路关系

同步实施阶段　主要工作内容

- 上盖开发预留方案获规划部门批准
- 车辆段主体建设完成、土地出让完成

土地层面准备完成

车辆段如期投入使用，完成盖板预留和三通一平的土地整理。

政策层面准备完成

（1）确定了分层确权出让的原则，明确了界面划分的范围。车辆段部分为交通站场用地，车辆段上盖部分为二类居住用地。

（2）根据预留的上盖开发方案，完成修建性详细规划的编制，规定了二级开发用地面积、细分的建筑面积指标、建筑高度等。

用地由土地开发中心收储后通过公开招拍挂的形式出让，并规定了出让附带规划条件所约定的限定性指标及限定性方案。

2.3 二级市场开发

市场开发阶段，从地产市场角度，制定营销策略，打造匹配市场的产品

2017年官湖车辆段地块公开招拍挂，地铁集团成功竞拍摘牌，并与品秀地产联合开发。

二级开发工作是在修建性详细规划、已建成盖板预留等条件下，跟踪市场最新发展动态、对有调整的政策和法规重新梳理、对开发方案进行有策略的深化雕琢。

二级开发工作的重点内容：

（1）对土地整理形成的修建性详细规划指标、预留条件、道路市政的明确和继承；

（2）对此时此地的市场需求充分调研和决策；

（3）上盖方案的雕琢刻画。

上盖预留方案为2014~2015年进行设计，二级开发为2017年启动。期间各级规划、土地政策、经济政策、市场需求等伴随时间推移发生变化迭代。

1. 法规政策的更新迭代

2015~2017年，各专业规范调整：

《汽车库、修车库、停车场设计防火规范》GB 50067—2014（2015年8月执行）、《综合布线系统工程设计规范》GB 50311—2016（2017年执行）、《建筑防烟排烟系统技术标准》GB 51251—2017（2018年执行）等。

2016年，银行系统信贷政策调整：

120m^{2}至144m^{2}面积区间的住宅按普通住宅计算贷款。

2. 出让地块面积及容积率指标调整

将地铁管理用房（综合楼）面积不大于32790m^{2}从规划条件中减除，容积率指标等相应调整。

3. 明确容积率统计范围

明确盖下车辆段功能建筑及盖板夹层停车库及设备用房（不含白地建筑及白地地面停车库）建筑面积不计容。

4. 道路及河涌边界调整

车辆段地块北侧道路线位拉直，道路宽度为40m，且以征地线为道路中线，各占20m。地块南侧为宽15m公共绿地，落实“增水建〔2014〕3号”文件要求，绿地内为宽6.6m河涌；东侧河涌延续前6.6m，原绿化带宽度也做相应拓宽。

二级开发设计中，合理地利用原有盖板预留条件，并对景观、业态、交通条件、组团结构等重新整合后，形成了最终的总图方案。

基本布局承袭了原设计预留方案，对局部车库退台、中心商业等位置，作出了方案的优化。

这些优化调整一方面增加了项目的经营效益和居住体验，另一方面也带来了增加结构调整措施、增加白地开挖等代价。

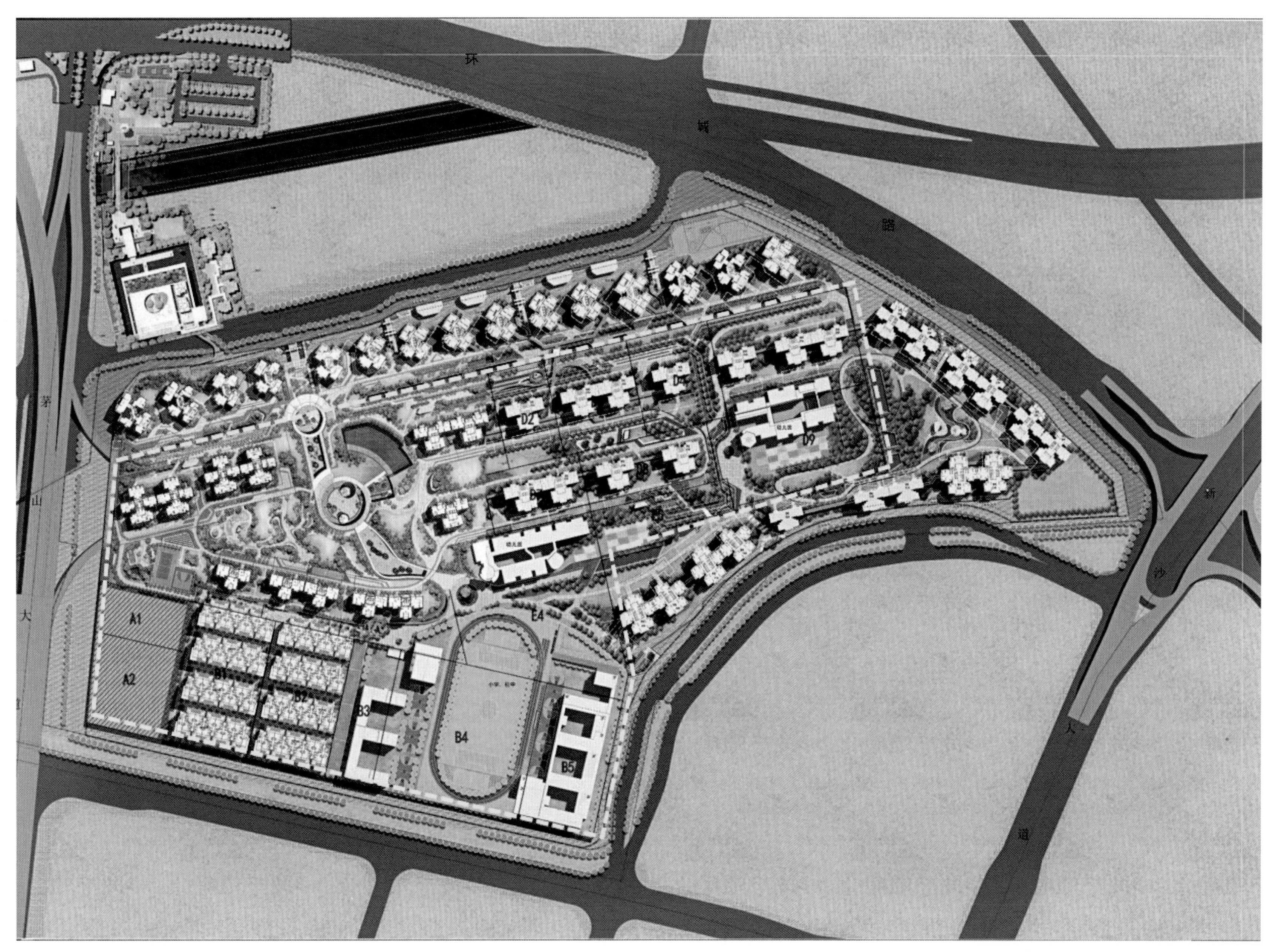

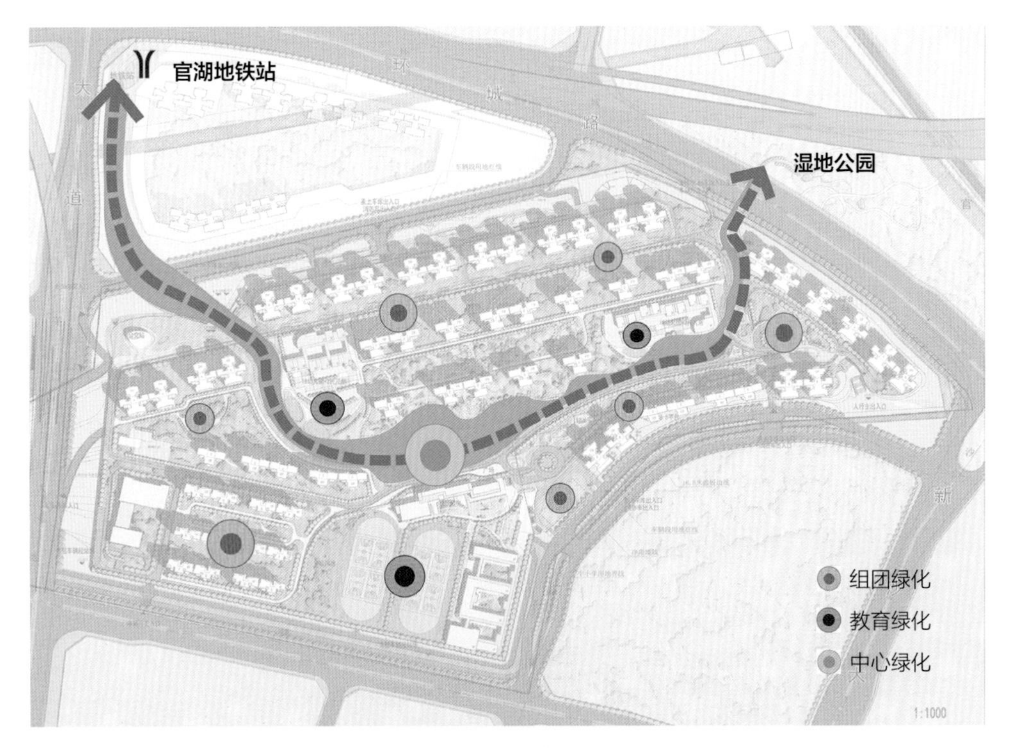

2015 年盖板预留方案空间结构

空间结构调整

原盖板预留方案组团结构

• “绿径连珠”——一条结合空中格栅构架设计的明确轴线，带动中心绿化和分级组团绿化成为景观和公共服务走廊。

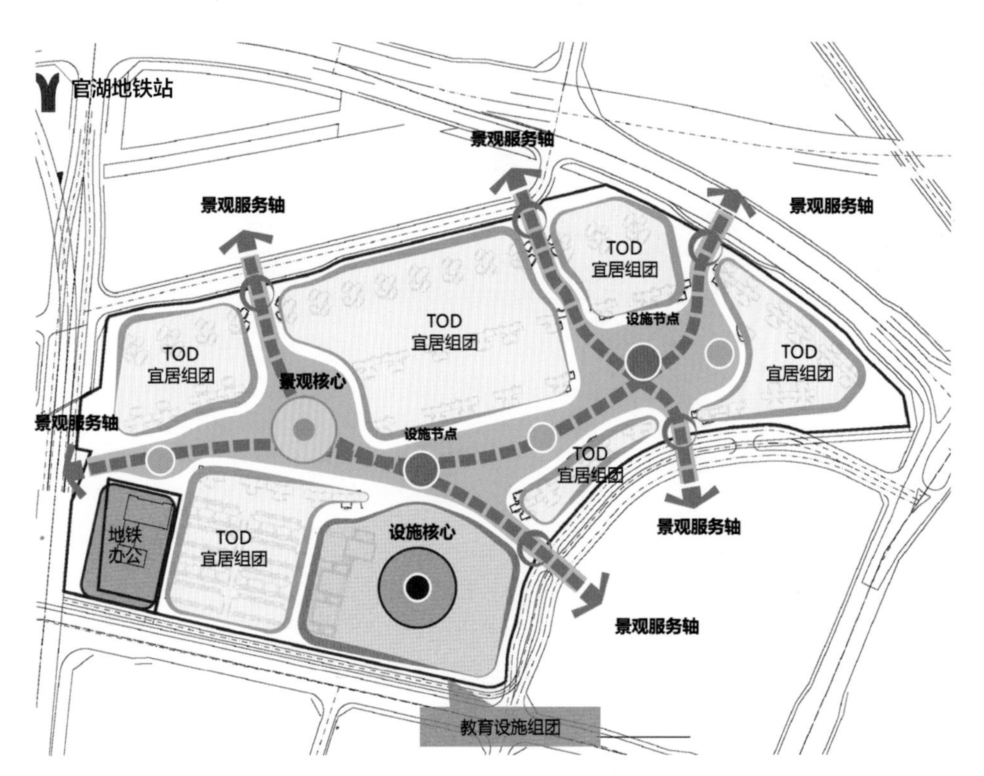

2018 年二级开发实施方案空间结构

二级开发方案组团结构

• “三轴线六组团”的设计，更加强调均衡性；

• 保留原盖板预留方案的主轴线，并增加两条扩展轴线，串连重要社区配套，形成社区的硬核骨架；

• 六个居住组团和一个教育组团，填充在景观轴线的两侧，形成了整个社区的组织结构。

9.80m　25.64m

2015 年提资方案

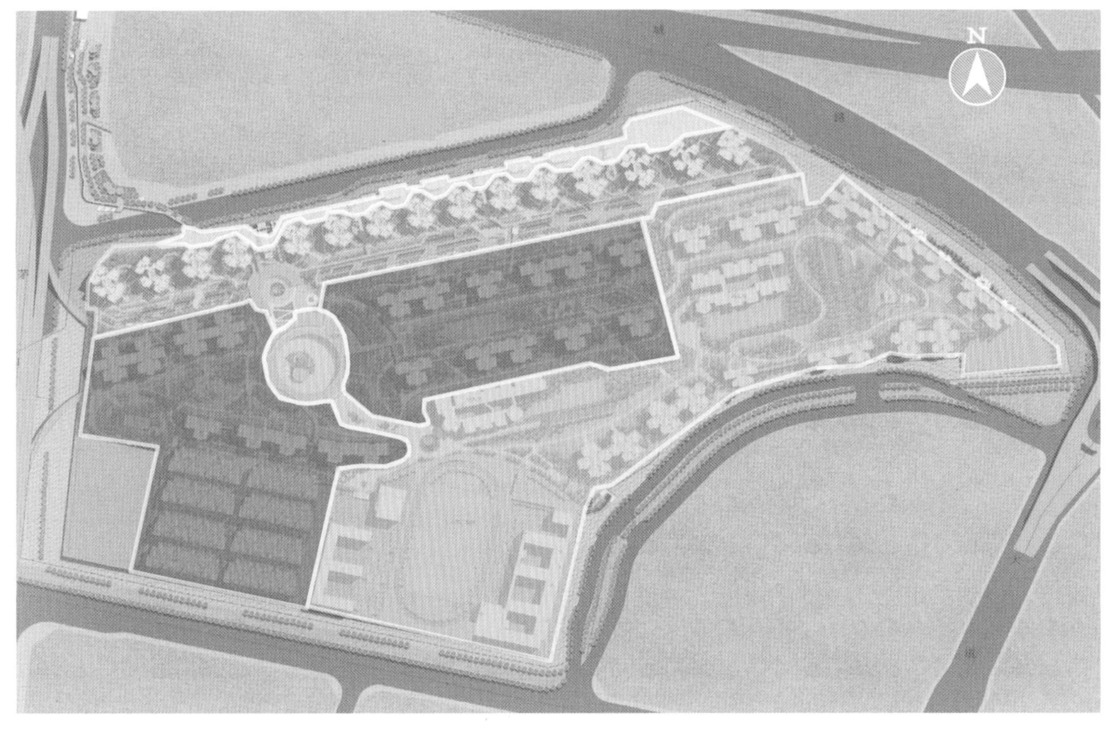

9.80m　15.85m　21.44m　25.64m

2018 年二级开发实施方案

竖向设计调整

原盖板预留方案竖向设计

在盖板上设两层满铺的物业车库。在不增加白地开挖的情况下满足停车指标。两层车库以上为完整的物业开发首层。

二级开发方案竖向设计

在原盖板方案预留条件的基础上，增加标高变化，形成双首层布局。

中心商业、教育配套组团等形成 12.6m 标高的首层，其余居住组团为 16.8m 标高的首层。

通过更有梯度的场地设计，消解立面高差，创造宜人尺度，同时丰富空间层次，形成记忆空间。

2015 年盖板预留上盖方案

二级开发方案的首层高差变化

一、二级开发方案调整对比

1. 主入口位置

对归家路径上的空间序列重新塑造，出入位置更加居中、界面收窄。

2. 中心商业

在负一层增加下沉广场中心商业，使商业从外立面底商延伸到组团中心。发挥最大商业价值的同时，突出中心场所的营造。代价是牺牲了部分负一层车库面积。

3. 教育配套

教育配套全部落位在负一层。西侧幼儿园及中学位置调整，原两处 250m 运动场调整为一个 400m 标准运动场。此调整是考虑到教育组团整体的对外衔接，以均好地服务社区内外的生源。

4. 叠墅组团

综合楼东侧区域原盖板预留为三排不超 12 层的洋房产品，根据二级开发产品策划，调整为 4~6 层的叠墅产品。

5. 车库

中心商业、教育组团等部分区域，设计为退台区域，仅设一层盖上车库。为平衡车位指标，在白地区域增加了地下车库指标。

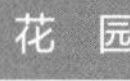

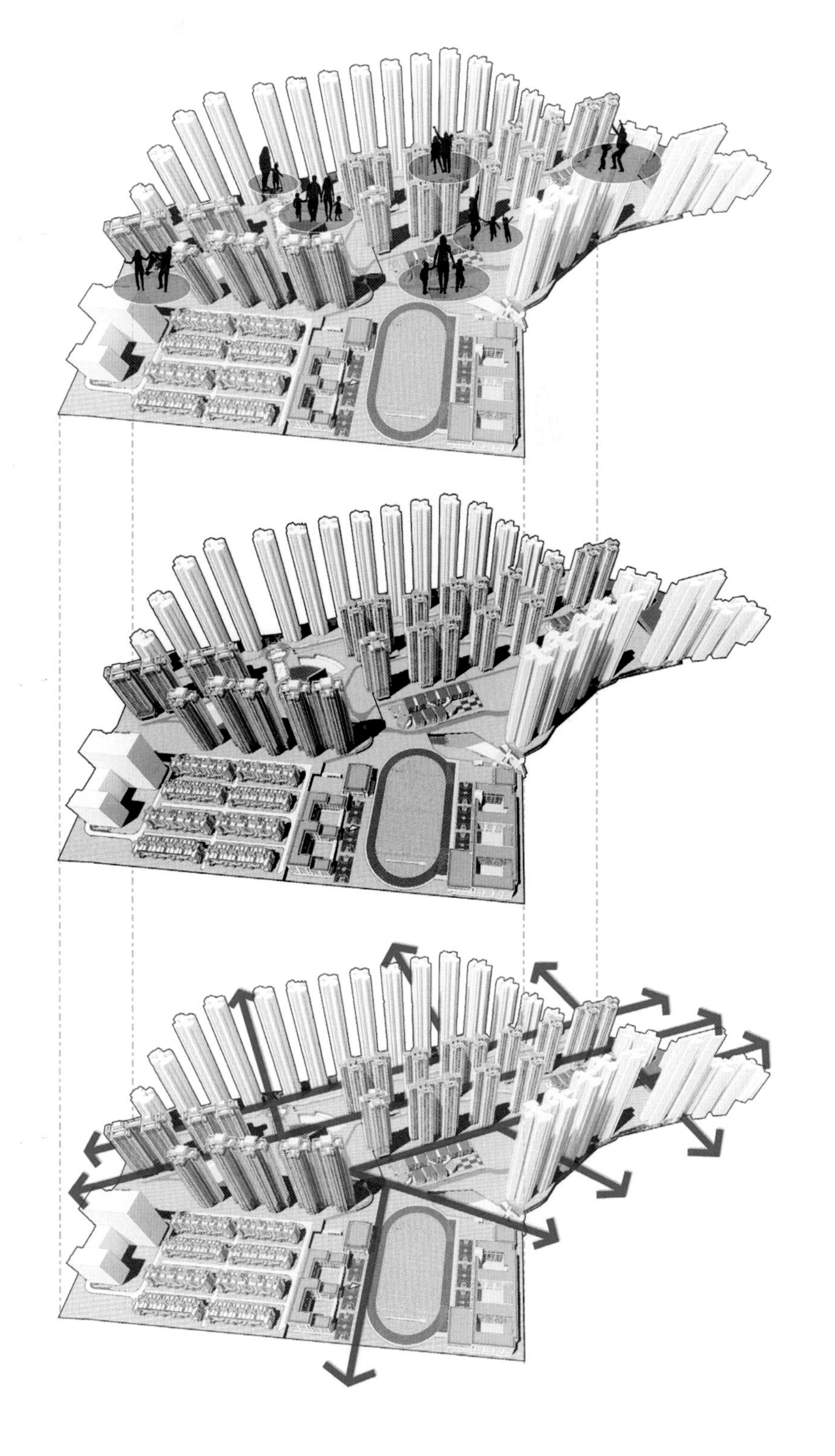

宜居环境花园社区——景观轴线引导绿色生活

（1）通过景观轴线通廊，组织组团结构，串接核心服务配套。

（2）景观轴线，结合健康步道、慢行系统和游憩小品，提高了户外生活的品质，体现了绿色健康、高质量生活的理念。

（3）景观园林结合场地高差，或顺应地势形成空中园林、丰富景观层次，或增设连廊消弭高差、形成连续的共同地坪。景观设计与盖板竖向设计相得益彰，为社区生活添色增彩。

人居体验——TOD 导向的全场景社区

官湖项目是一个超大规模的上盖社区。在设计之初，就确定了以人为本的设计理念，建设一个以居住为主导、以 TOD 为承托的全业态、全场景社区。

本项目无缝接驳地铁站点，快速直达中心城区。上盖开发设置包括商铺、超市、餐厅、图书馆、社区服务中心、托老所、社区文化中心、肉菜市场、社区卫生服务、幼儿园、九年一贯制中小学（华附）、图书馆（广州图书馆星图分馆）、健身场所等多种公共服务配套。

全面的配套、社区内的各种生活场景，同时向周边社区开放，共同营建不被定义、不受局限的无界生活。同时利用地铁优势，汇聚人气，形成活力空间，为社区业态提供热度。

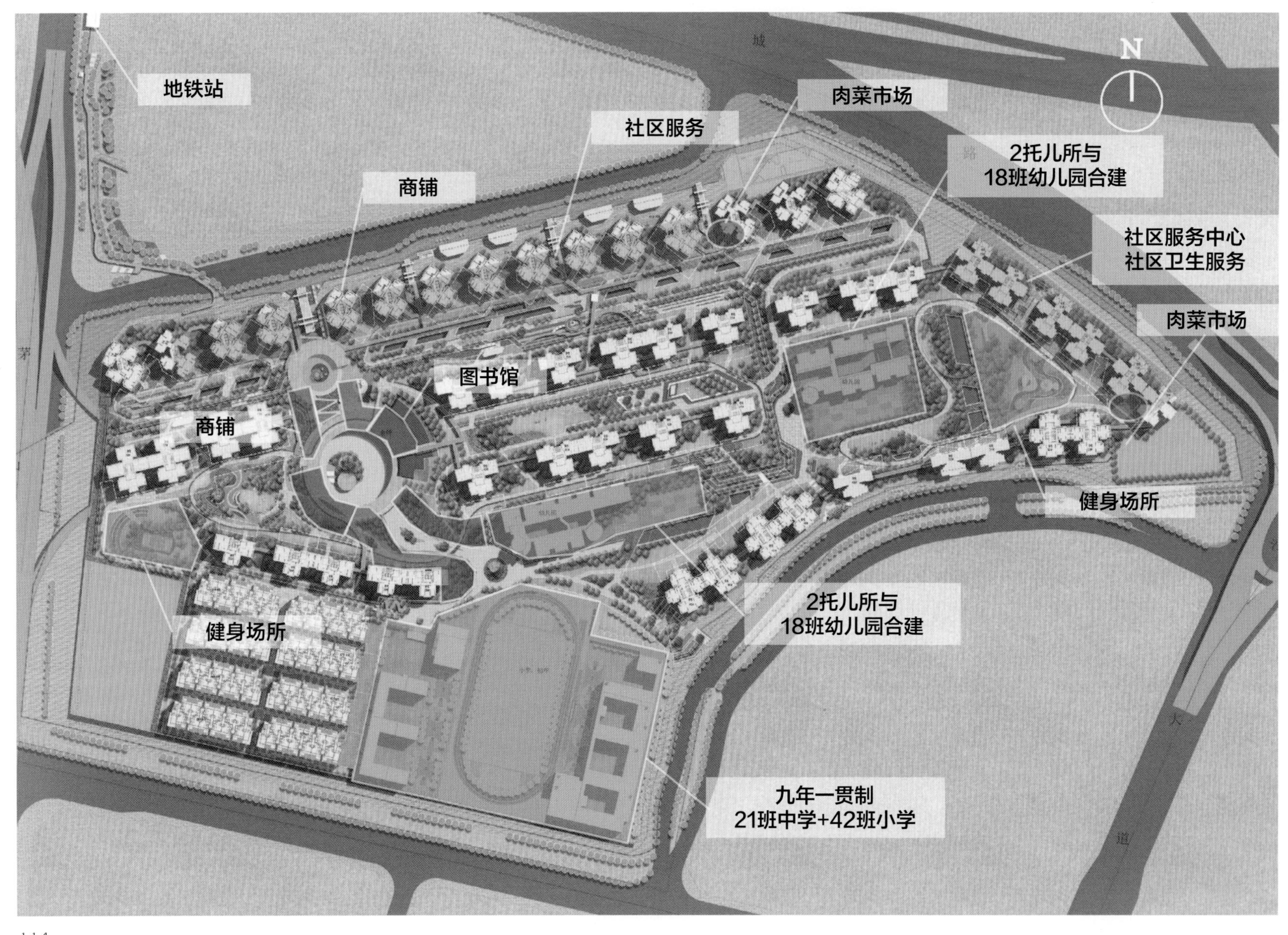

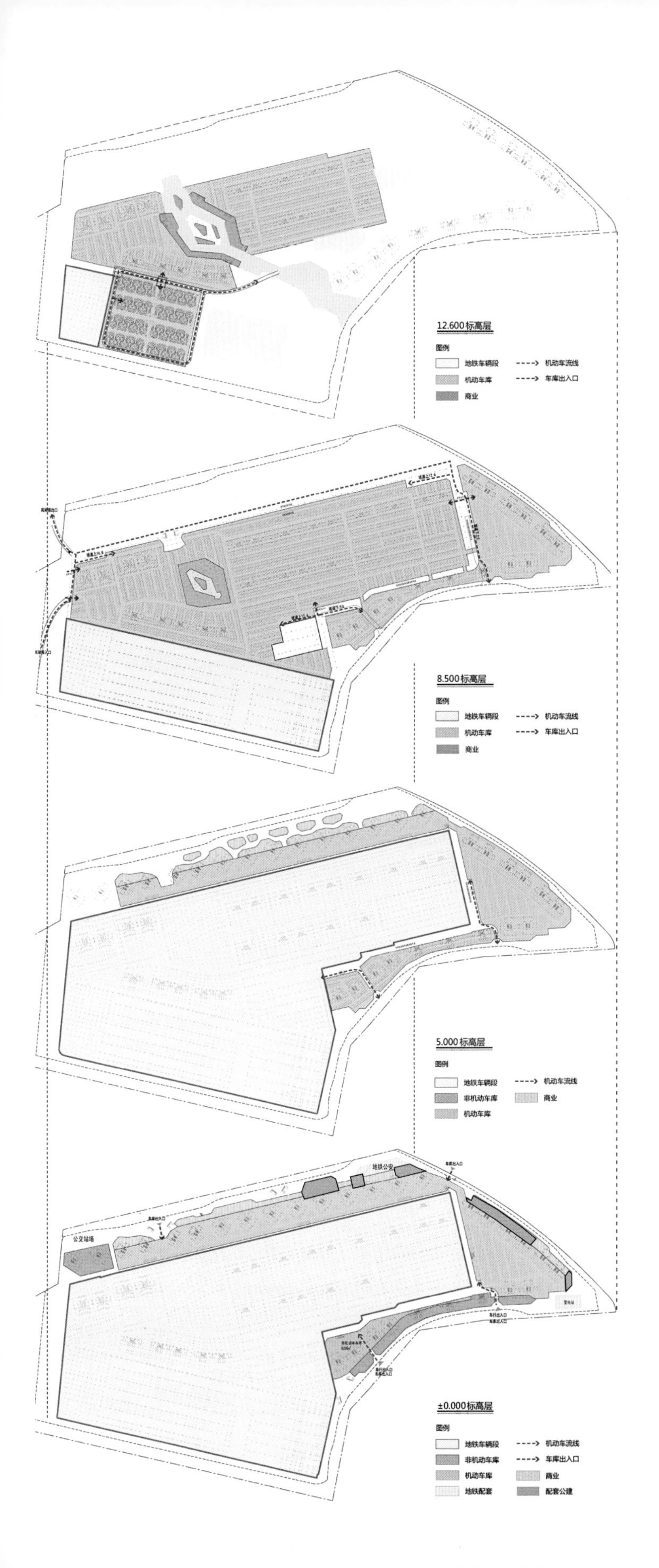

业态布局

以住区为导向，以教育、商业、文化等丰富、完善的配套为辅助，创造绿色居住街区的理念。

在整个项目的规划结构中配建设施的分布与贯穿整个地块的轴线相结合。

教育配套布局：位于12.6m平台的边缘，相对独立，又有互相串连的校车路径，同时方便设置对外接驳出口。

商业资源布局：从±0.000m层至12.6m层、从边缘的沿街商业到内聚的中心商业。既方便周边城市片区，又为内部组团提供便捷。

此外商业、健身房、图书馆等配套资源，沿组团轴线分布，成为轴线上的亮点。

立体交通组织

上盖业态的复杂性，带来了交通的复杂性难题，通过立体交通、分级交通使交通组织更加高效有序。

盖上、盖下立体功能如何实现高效交通组织

对比常规的建筑群体，最大的差异为从建筑群体的底层进入，并非从首层进入。

中间的盖板车库成为关键的过渡层，衔接、整合各种不同的功能空间，最终体现在功能叠加、交通流线的组织上。

上盖项目的流线组织，行车流线是关键，是难点。包括所有盖上的消防车道、工程车、物业开发、居民用车、垃圾收集站用车、地铁综合楼用车。同时将上盖板的匝道市政化，提前实施盖板接入条件，为二级开发创造更好的交通条件。

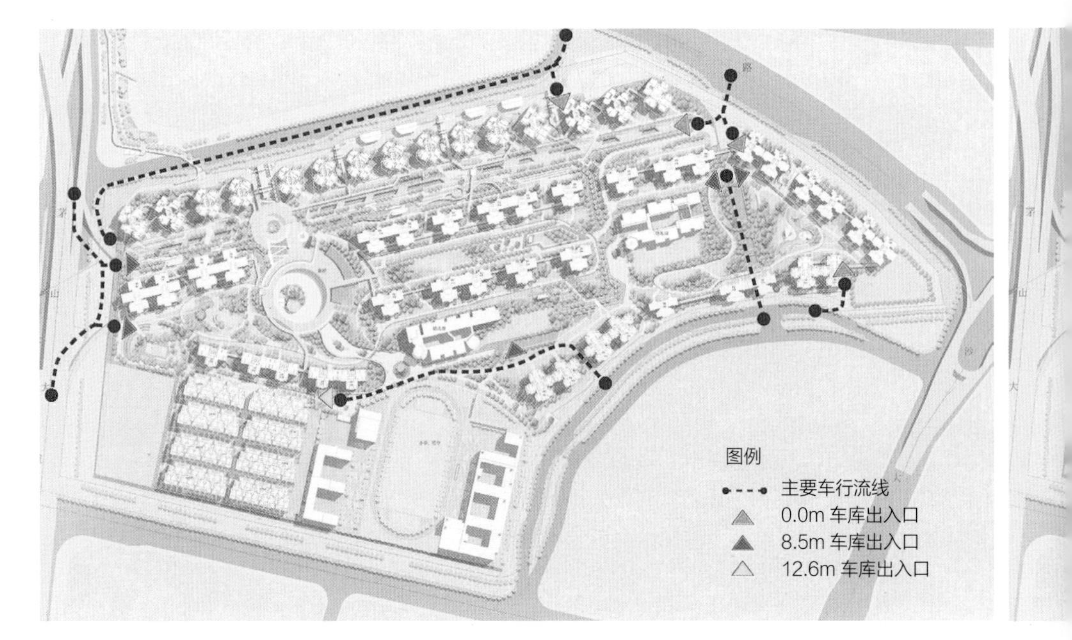

二级开发方案车行流线

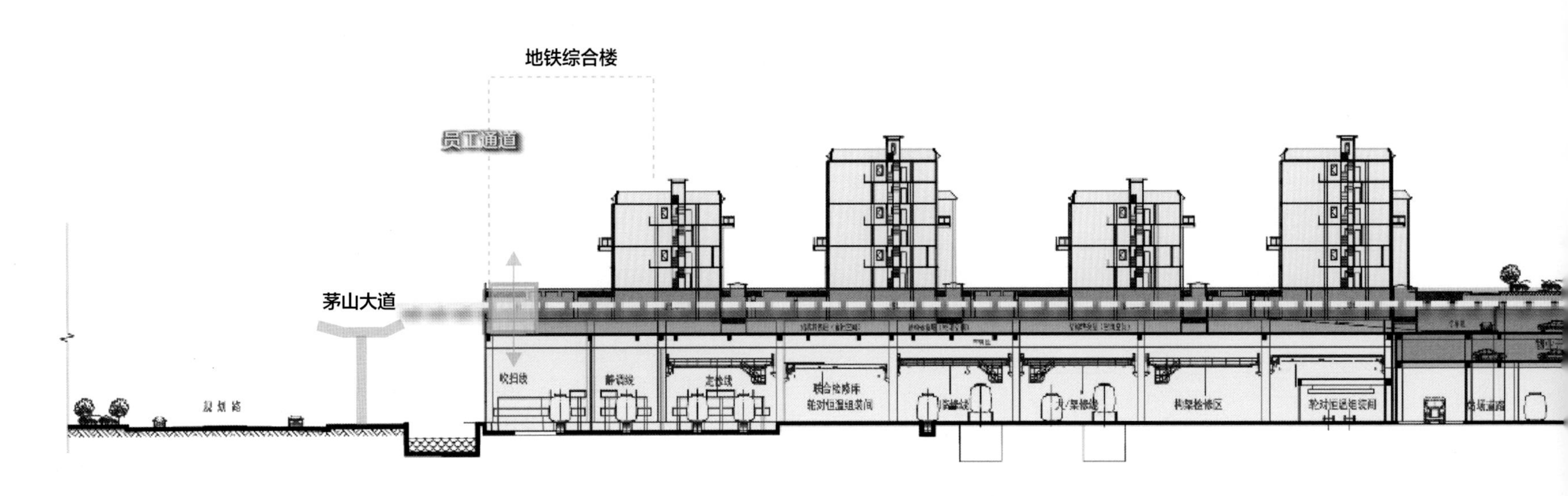

二级开发方案的首层高差变化

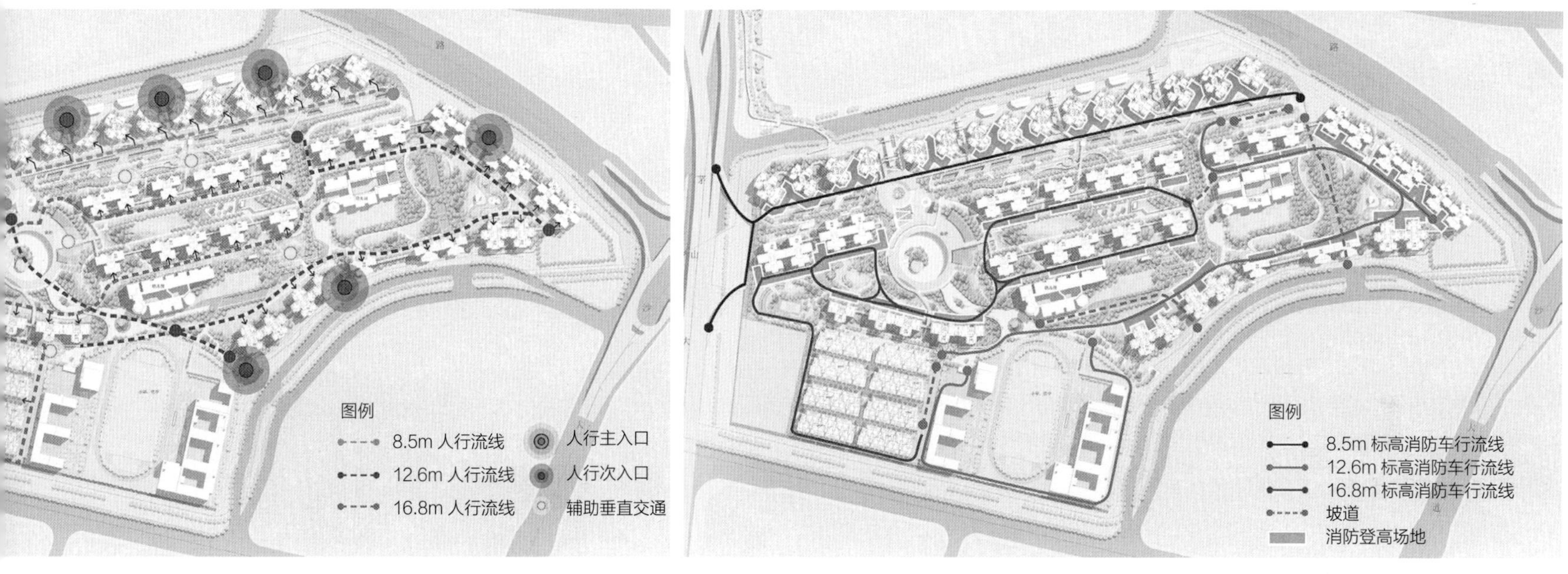

二级开发方案人行流线

二级开发方案消防流线

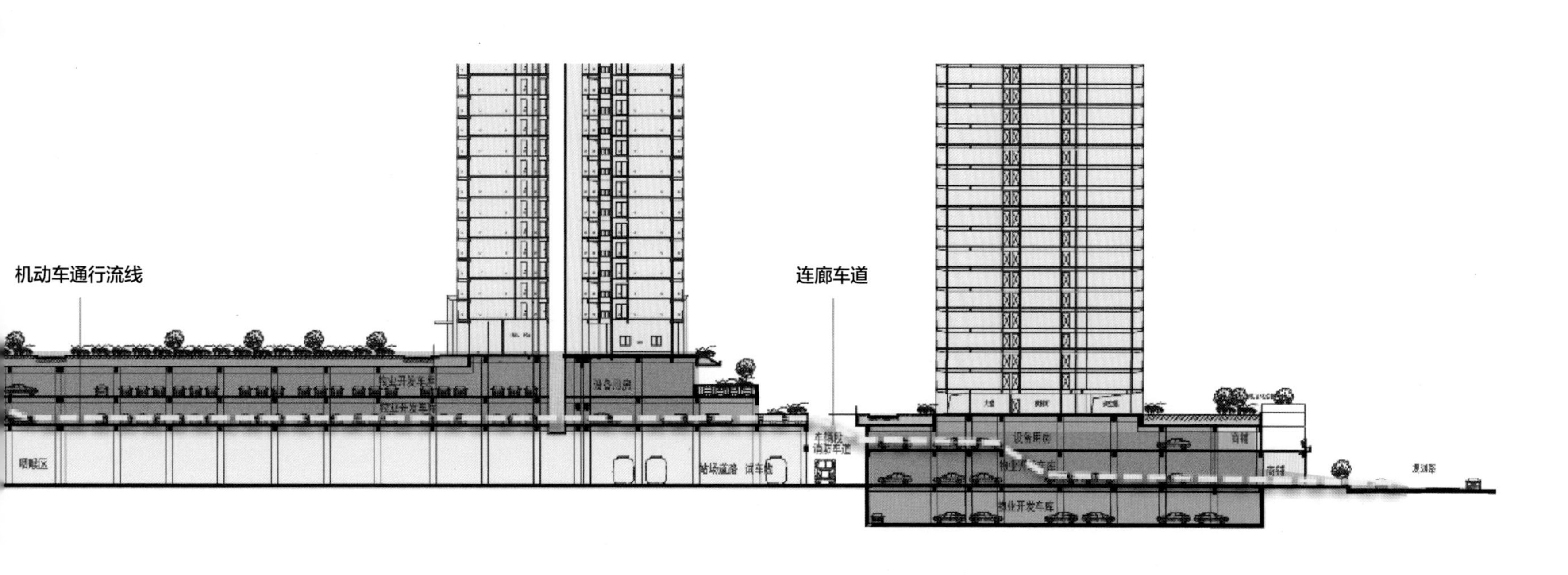

城市界面与天际线

• 盖板边界处通过退台处理，柔化边界，营造归家仪式感；

• 教育配套和低层叠墅，营造空旷的中心场所，缓冲高层住宅的压迫感；

• 白地高层住宅在沿市政路一侧，设计为渐变起伏的轮廓，形成有序的城市界面；

• 多种设计语言，共同组成整个项目的空间秩序，弱化了高层塔楼的影响。

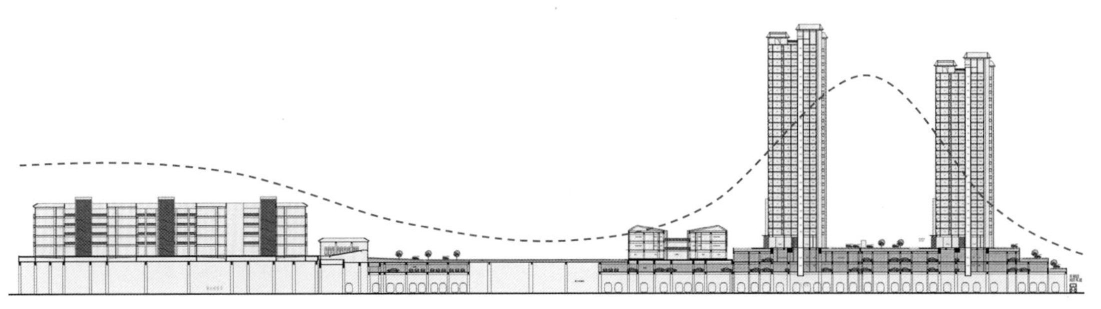

1T3/1T4 住宅塔楼

1T3 户型，共 5 栋，分布在盖板中部，中心组团南侧。

1T4 户型为主力户型，共 14 栋，分布在中心组团西侧。

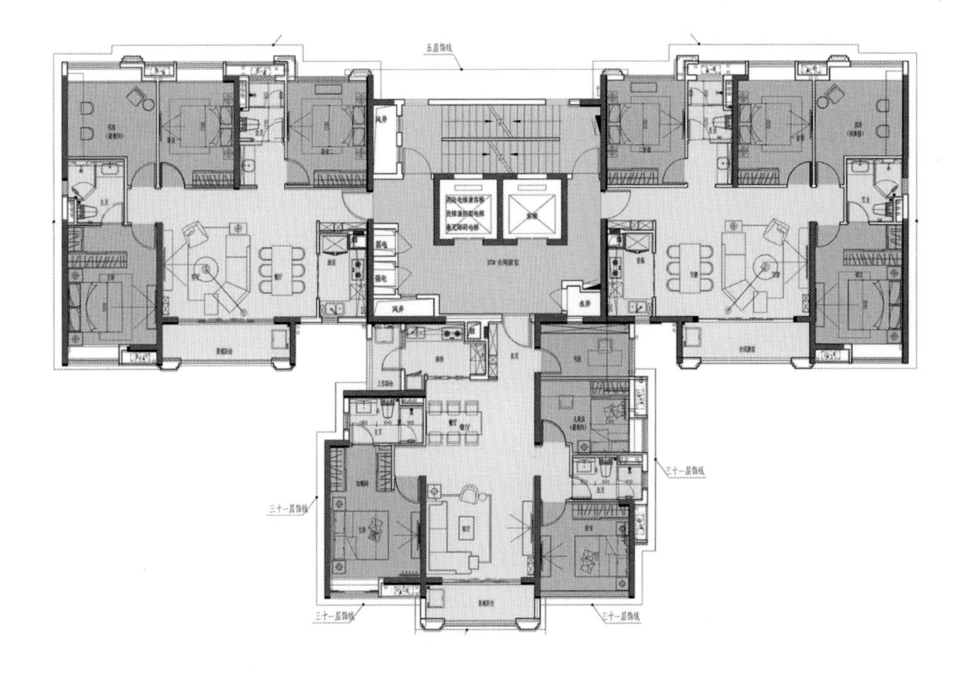

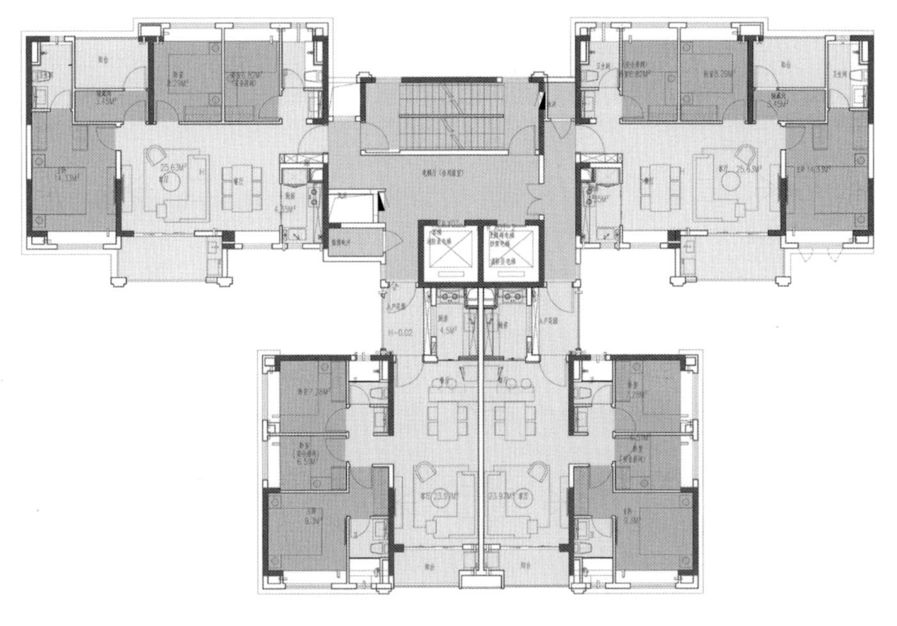

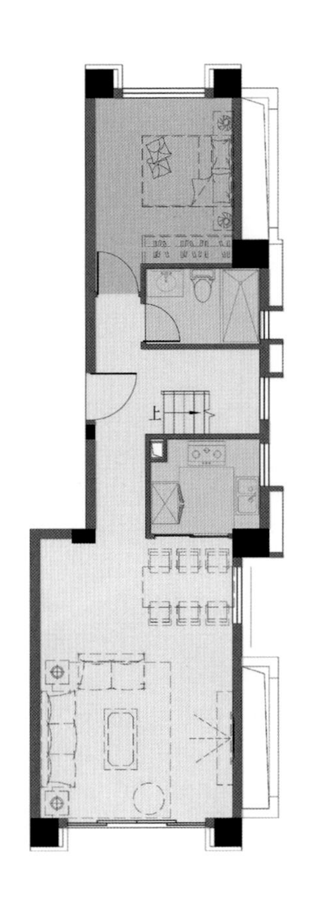

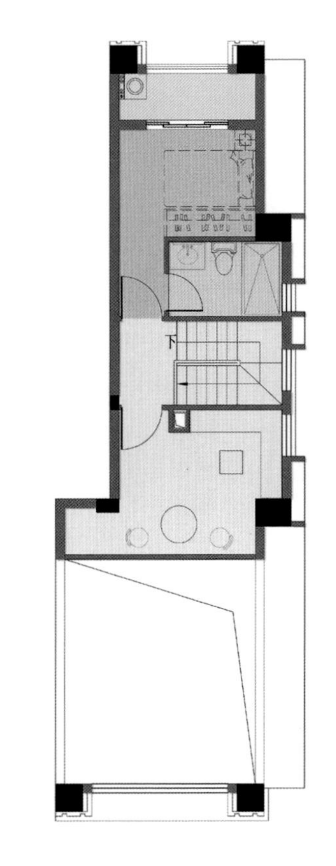

多层叠墅

联排叠墅，共8栋，分布在盖板西南侧。分为4层和6层两种，又包含下叠、中叠、上叠多种户型。

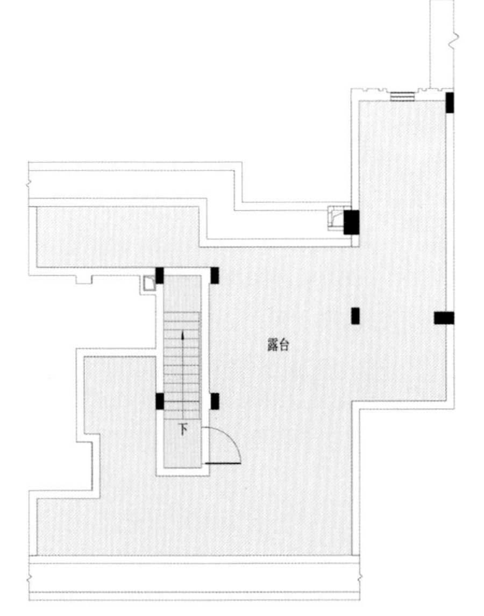

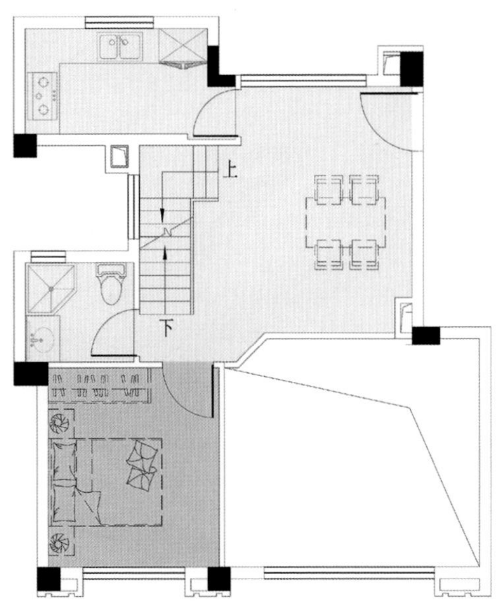

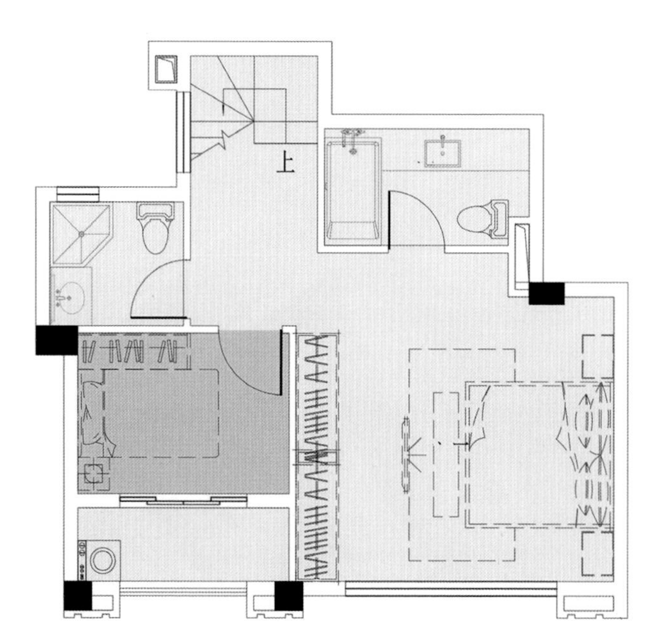

广州首个车辆段上盖超限高层项目设计——实施概况

分区结构落地实施情况概述

B 区：B1、B2 区为叠墅，B3、B4、B5 为中小学，为多层托柱转换结构，结构体系预留和实施情况基本一致。

C 区：C1、C2 区仅有裙楼，C3、C4 上盖 1T6 高层住宅为全落地剪力墙，C5、C6 上盖为中心商业，结构体系预留和实施情况基本一致。

D 区：D1~D8 预留为 1T4 高层住宅部分框支剪力墙结构，仅核心筒落地，户型前后有变化。

变化后的户型均在框支转换范围内，故无需进行特别处理，因结构体系不变，故对底部已实施部分进行复核即可。

E 区：E1 预留 1T3 部分框支剪力墙，E2、E3 预留为 1T3 落地剪力墙。实施时户型均有修改，实施户型范围比原预留范围大。

E1~E3 区域全部 1T3 均为部分框支剪力墙，需对实施区域以及周边结构底层进行复核。

广州首个车辆段上盖超限高层项目设计
——高层技术

官湖项目是广州首个上盖超限高层项目。在结构设计方面，是先行探索者，体现了结构的技术创新，也获得了行业认证的荣誉奖项。

结构特点

（1）广州首个车辆段上盖超限高层项目：结构高度 120m，是同时期国内最高 TOD；

（2）二级上盖开发结构预留设计：盖上与盖下一体化设计；

（3）上盖减振降噪设计措施：轨道减振且与主体结构分离；

（4）超长盖板专项设计：减少变形缝对盖下地铁运营影响。

行业荣誉

2022 年度广州市优秀工程勘察设计三等奖（公共建筑工程设计组）。

2022 年度广州市优秀工程勘察设计二等奖（建筑结构设计专项组）。

结构体系与结构布置

以高层住宅 1T4 为例，采用部分框支剪力墙结构，塔楼以外的裙房采用框架结构，以剪力墙、框架作为抗侧力体系。由于盖下车辆段轨道限制，仅有电梯井剪力墙延伸至高层住宅的屋顶，其余剪力墙均需要进行转换，转换率为 86.4%，转换层设置在裙房顶板，采用梁式转换。

结构超限特点

本项目无地下室，基础埋深浅；底部两层层高差异大，底层同时潜在软弱层和薄弱层；大底盘多层裙房单塔或多塔结构，体型收进明显；部分框支剪力墙结构剪力墙转换率高。

本工程结构类型符合现行规范的适用范围，并存在以下四个不规则项：扭转不规则和偏心布置、凹凸不规则、刚度突变、构件间断。因此，本工程属于 A 级高度特别不规则超限高层结构。

计算加强措施

按 C 级性能目标即小震性能 1、中震性能 3、大震性能 4 进行抗震性能化设计，采用 YJK、MIDAS 两套软件进行小震 CQC 计算分析，并采用 YJK 软件补充小震弹性时程、中大震等效弹性计算，采用 SSG 软件进行大震弹塑性时程分析，以寻找结构薄弱部位。

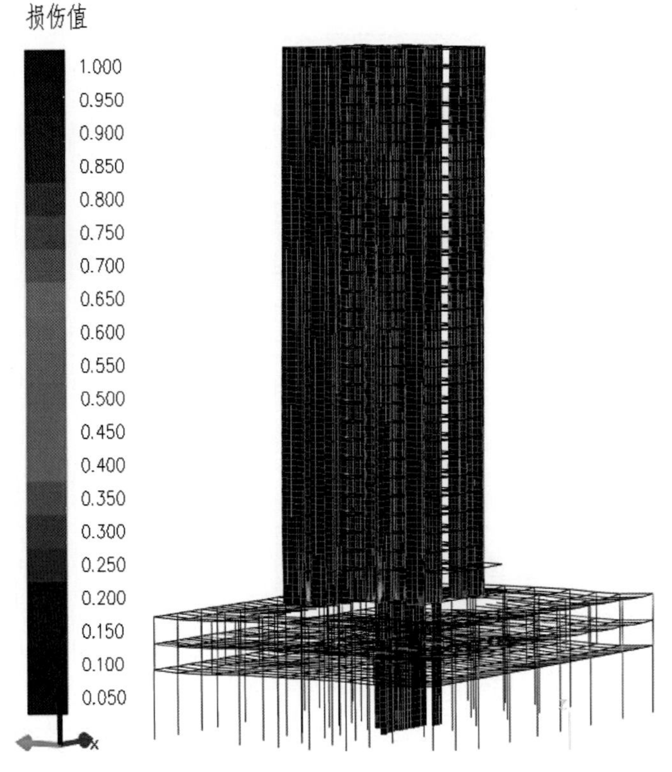

大震弹塑性分析

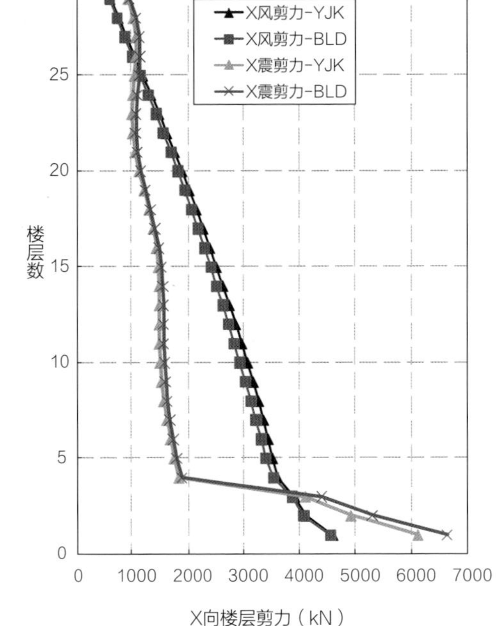

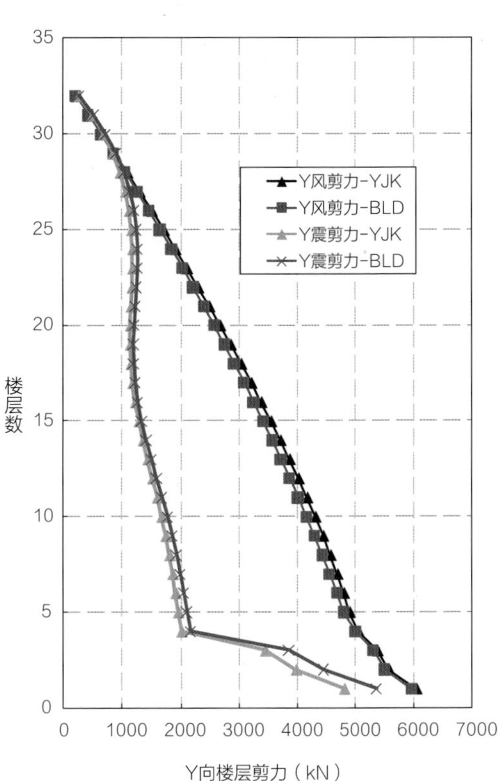

楼层曲线图

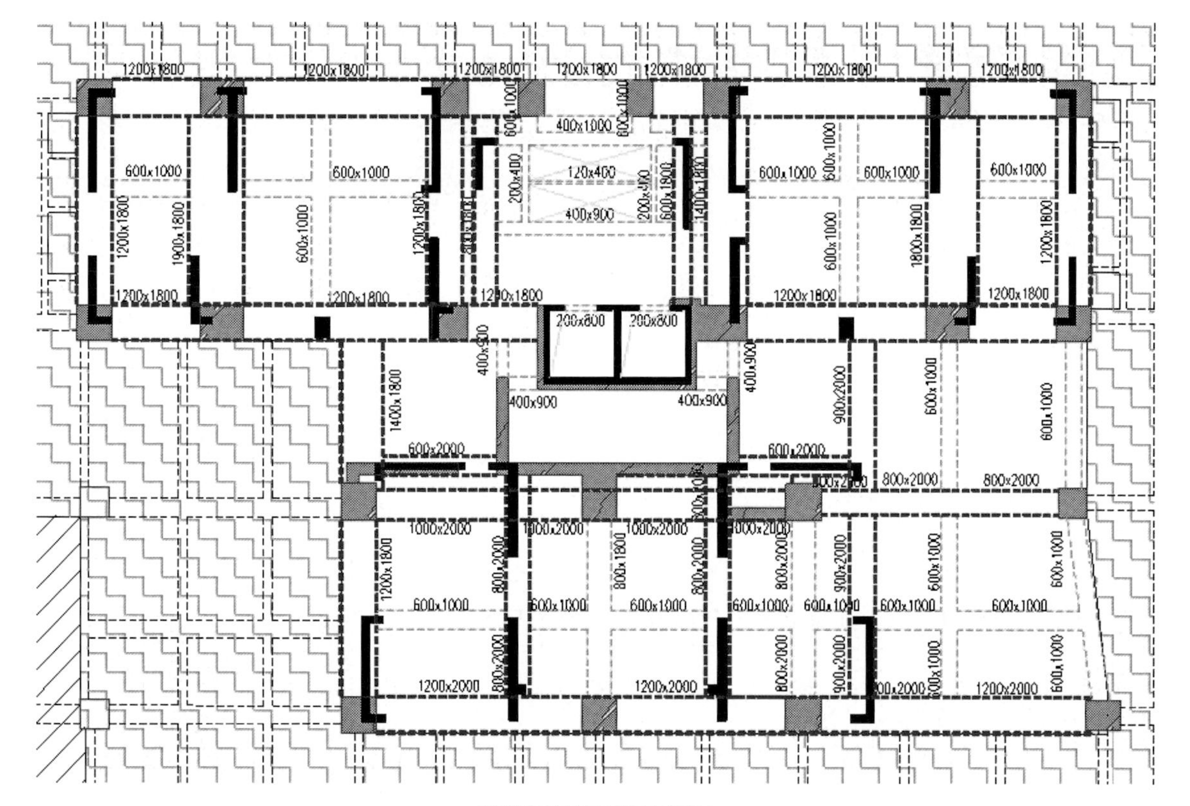

转换层结构平面布置图

构造加强措施

加强外围剪力墙以及外围框架梁，提高结构的整体抗扭性能。

加大底盘多塔楼体型突变部位及其上、下层结构板厚，并按中震层应力配筋，体型收进部位上、下各 2 层塔楼周边竖向结构构件的抗震等级提高一级。

增加负三层车辆段侧向刚度，控制中震层间位移角不大于 1/1000，提高墙身及约束边缘构件的最小配筋率，配箍特征值适当增大，控制底部关键构件中、大震剪压比，以提高竖向构件延性。

对转换构件按性能设计包络配筋，并按有限元应力分析结果加强。

车辆段运用库盖下 18m 大跨度空间

车库梁高控制技术

车辆段库房区为了满足地铁功能需求，8.5m盖下柱网不可避免出现18m大跨度，在车库层高受限制的情况下，在8.5m标高处设转换梁托柱。转换后，盖上柱盖板设计时减少柱网跨度，统一控制梁高（车库梁高不大于700mm，覆土层梁高不大于900mm），以增加车库净高，提高车库停车效率。

楼层抗剪承载力突变措施

楼层的抗剪承载力实际是由两个条件控制，一个是所有竖向构件的截面抗剪承载力之和，另一个是所有竖向构件在水平力作用下上下两端均出现塑性铰，实际的楼层抗剪承载力由两种情况的较小值控制。而抗震规范明确规定楼层抗剪承载力不应小于相邻上一层的65%。

在车辆段上盖开发设计时，由于首、二层层高相差大，在柱（墙）截面相同、配筋相同的情况下，构件的截面抗剪承载力相同，但在相同水平力作用下，层高越高柱端越先出现塑性铰，也就是楼层抗剪承载力越低。如果两层盖板的竖向构件按同样截面和配筋，则首、二层楼层抗剪承载力之比只有0.4左右，不能满足规范要求。

采取的主要措施是，在二层墙柱配筋满足受力要求的前提下，用二层墙柱的实际配筋反算首层墙柱的配筋，而不是采用软件的计算结果。

基础埋深处理措施

《高层建筑混凝土结构技术规程》JGJ 3-2010规定，当采用桩基础时，结构基础埋深不宜小于上部结构高度的1/18，由于车辆段开发的高度大约为100m，按1/18计算基础埋深约为5.4m，而车辆段库房区无地下室。

为满足车辆段工艺要求，同时解决基础埋深问题，高层下部基础承台面埋深取2m，此范围便于工艺布置检修坑、管线等。承台高度取2m，这样基础埋深实际为4m。对基础补充抗倾覆、抗滑移及桩水平承载力验算，以保证地基基础承载力及稳定性。

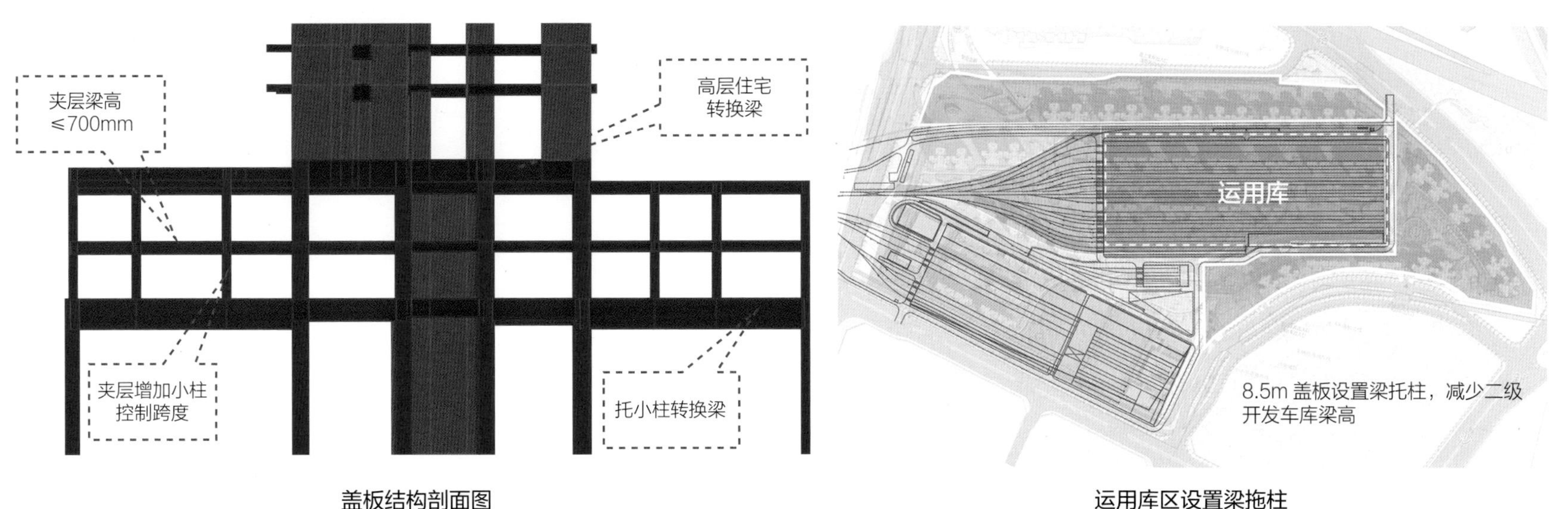

盖板结构剖面图　　　　运用库区设置梁拖柱

首层盖板上方转换关键技术——多层转换技术

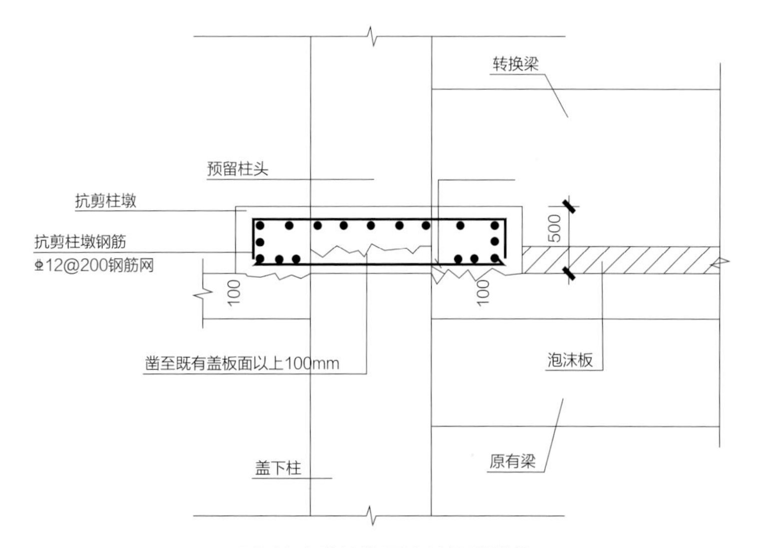

预留柱头处转换层连接构造措施

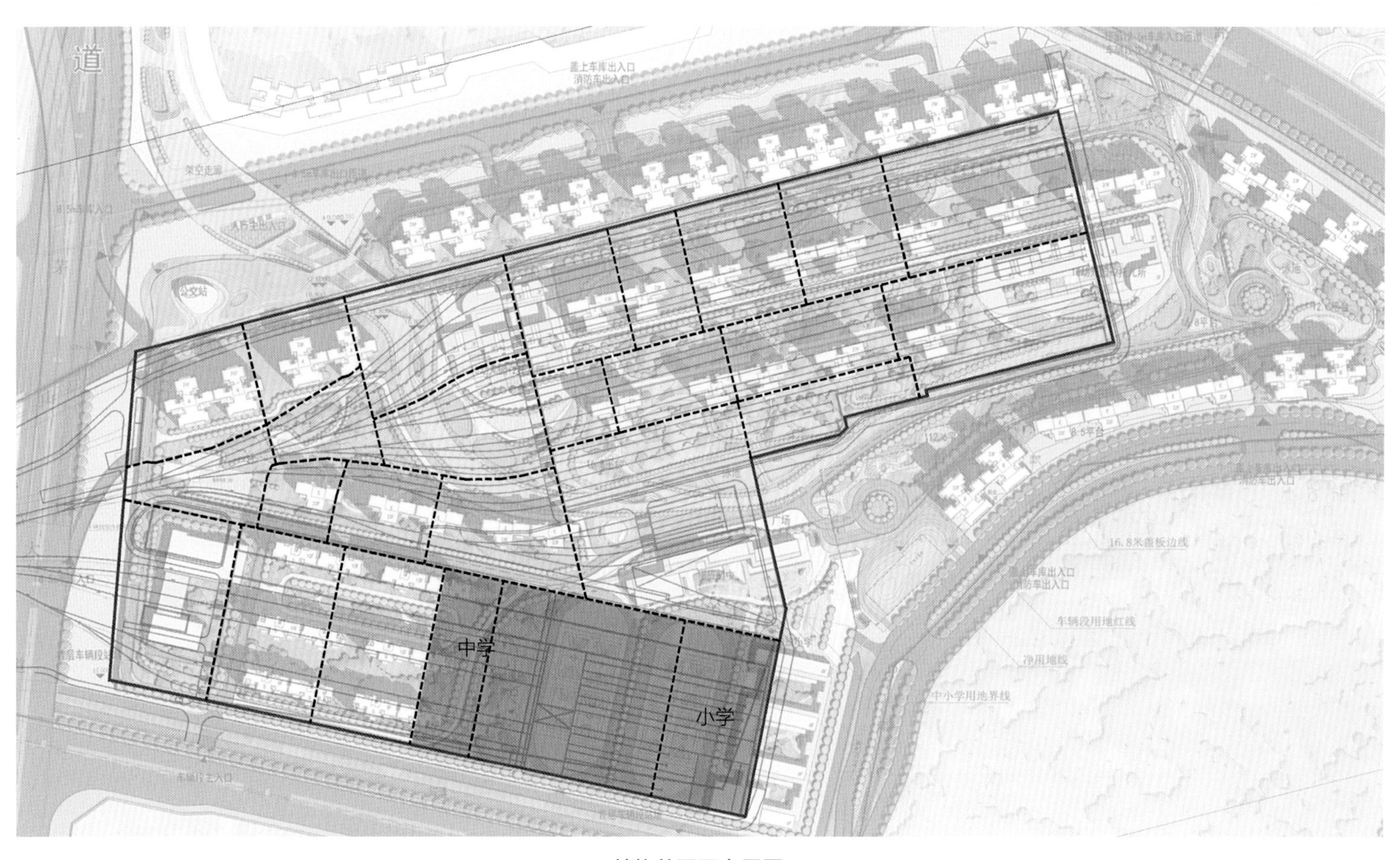

结构总平面布置图

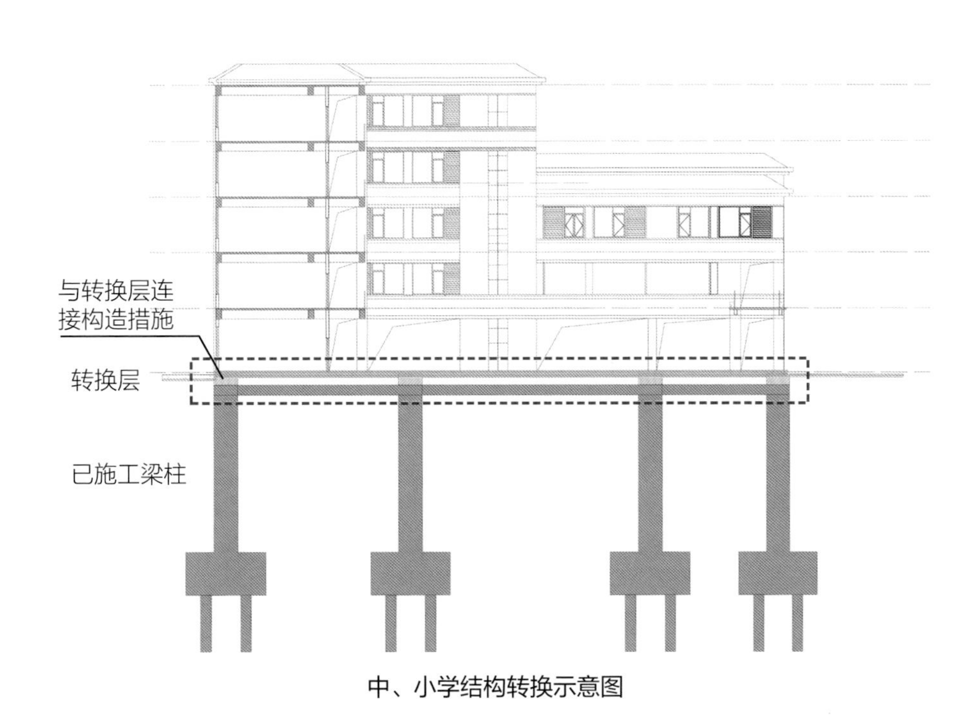

中、小学结构转换示意图

首层盖板上方多层转换——以中学为例

中学、小学、叠墅等多层建筑，均在首层盖板以上转换，结构体系相似。首层盖板及以下梁板、竖向构件及基础已与车辆段同步实施完成，B3、B5层墙柱钢筋已完成预留并浇筑泡沫混凝土保护（上盖施工时凿除泡沫混凝土，用接驳器连接既有纵筋继续施工）。

转换层连接构造措施的优点：

（1）盖上建筑柱位不受限制，可以灵活布置；

（2）荷载不直接传到首层盖板上，通过转换梁托柱传到转换柱上；

（3）预留柱头做外包的抗剪柱墩，可以有效解决地震作用下短柱抗剪截面不足的问题。

中、小学实景照片

电气及智能化

1. 概述

电气专业的设计范围包括变配电系统、动力配电系统、照明配电系统、防雷接地系统、节能系统、电气火灾报警系统、消防电源监控系统、消防应急照明和疏散指示系统。电气专业作为下游专业，与其他各专业均有接口，接口复杂繁琐，需要认真消化各专业的提资，并落实到图纸中。

2. 主要设计方案

1）主要设计原则

（1）上盖开发与车辆段的防雷接地系统相互连通，但其他电气系统应各自独立设置，不应相互影响。

（2）上盖物业为民用用电，与地铁用电功能不同，且相关管理、维护及用电量的计量应根据使用功能的不同而不同，上盖物业供电电源采用从市政电源引入。

（3）系统的设计及布置须保证首期及各期工程的实施、验收、交付不受分期建设影响，并预留满足后期开发的强弱电进出线通道。

（4）合理布置变配电点，变配电所尽可能设置于负荷中心，以缩短供配电距离。在设计时，合理选择变压器的容量和台数。

（5）优化配电回路管线的敷设路径，以减少管材的数量。

（6）优化照明设计，选用高效节能的照明灯具，采用有效的控制方式，在满足照度需求的情况下，减少灯具的数量。

（7）电气管井尽量少占用公共空间，充分利用公共通道作为检修面积，以压缩电气管井的净宽度。电气设备房布置做到尽量少占用车位及其他有效空间。

2）负荷等级

（1）一级负荷主要包括：消防用电负荷、应急照明、公共照明、值班照明、生活水泵、潜污泵、弱电机房、客梯；

（2）二级负荷：商场的电梯、扶梯；

（3）三级负荷：其他照明、动力。

3）供电电源及供电系统结线形式及运行方式

（1）官湖车辆段上盖部分变压器装机容量为29000kVA，采用10kV单回路电源供电。

（2）本工程选用柴油发电机组作为备用电源。综合考虑分期开发、供电距离、管理需求等因素，本项目共设置4处柴油发电机房，总功率为3050kW。

（3）低压为单母线分段运行，联络开关采用手动投切。当其中一路进线故障时，切断部分非保证负荷，以确保变压器正常工作。低压主进开关与联络开关之间设电气联锁和机械联锁，任何情况下只能合其中的两个开关。

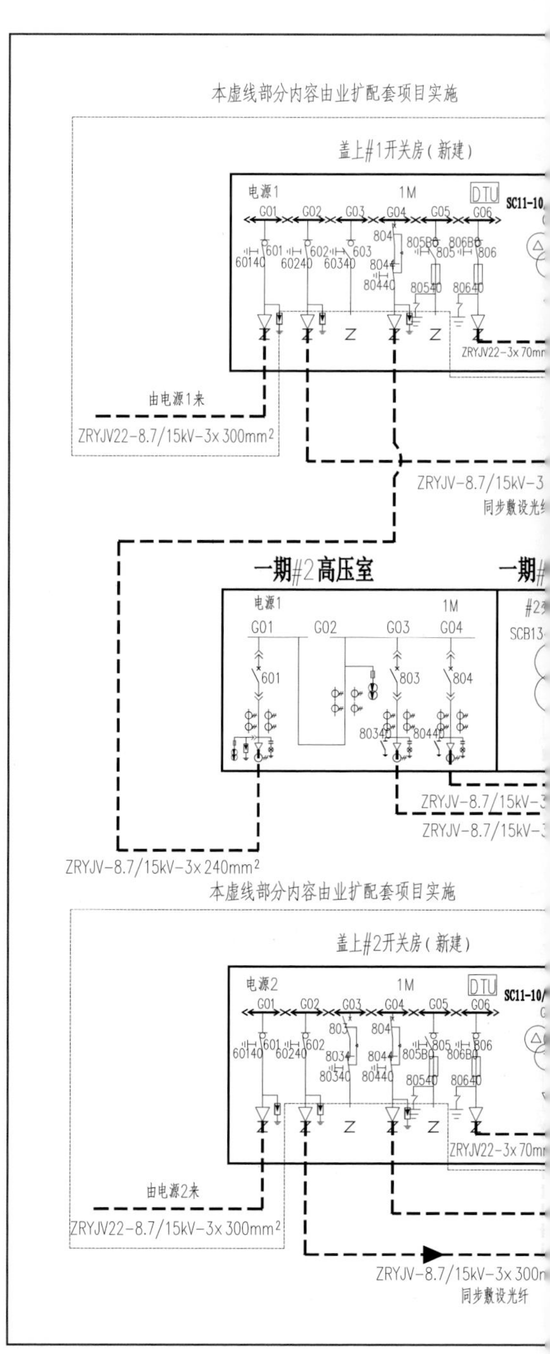

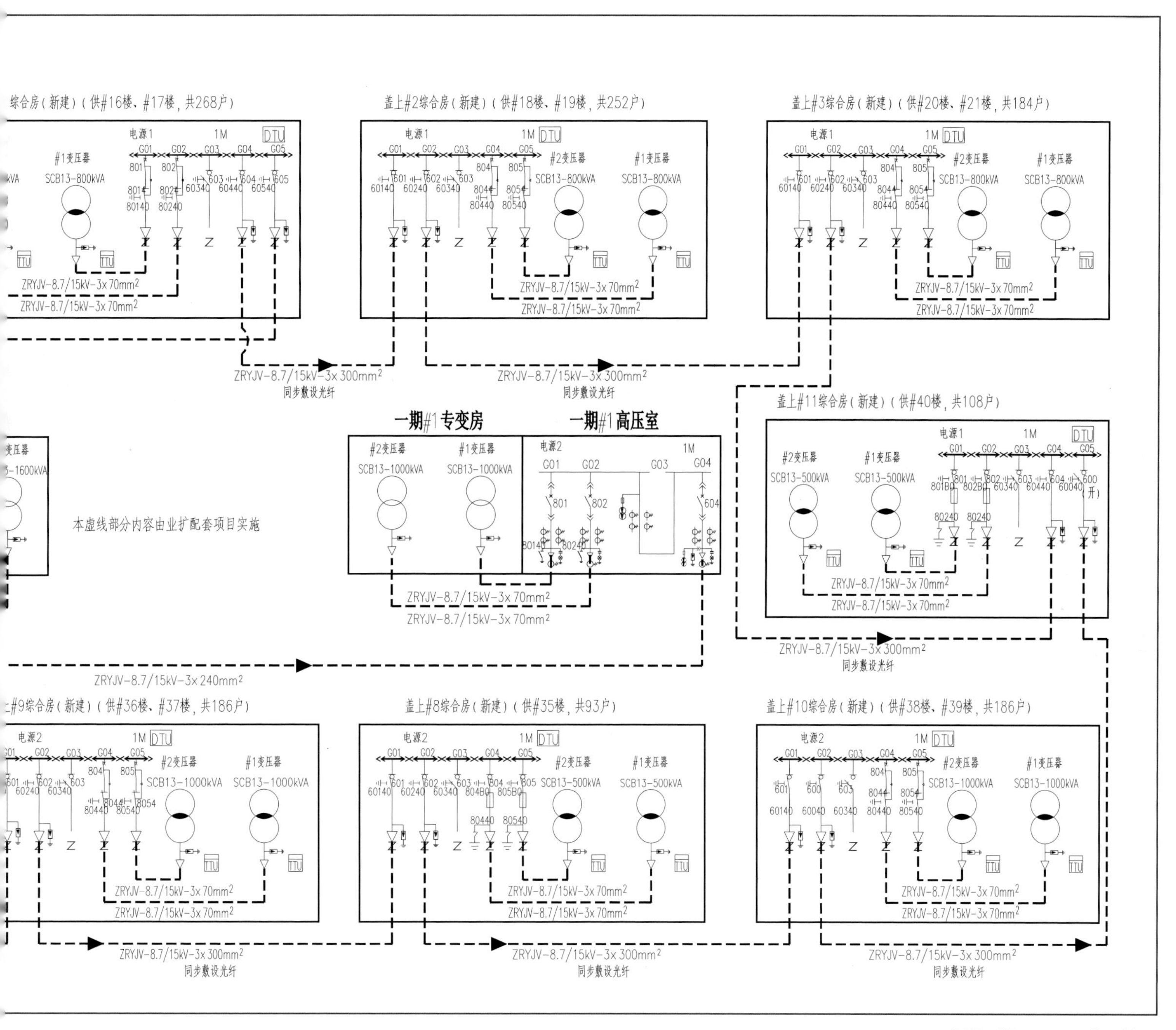

官湖一期 10kV 一次系统图

4）动力配电原则

（1）低压配电系统采用放射式与树干式相结合的方式：对于单台容量较大的负荷或重要负荷采用放射式供电；对于照明及一般负荷采用树干式与放射式相结合的供电方式。

（2）消防风机、消防电梯、消防水泵等消防负荷采用双电源末端互投。

（3）一级负荷应由双重电源的两个低压回路在末端配电箱处切换供电。二级负荷由低压母线提供一路专用电源，当变电所一路电源失电，由低压母线分段开关切换保证供电。三级负荷也由低压母线提供一路电源，当变电所一路电源失电，允许切除。

5）照明配电原则

（1）响应国家节约能源的号召，室内一般场所照明均选择 LED 灯具，达到绿色节能要求。其中地下停车场照明灯具采用雷达感应双亮度 T8LED 灯具。

（2）本工程设置集中控制型消防应急照明和疏散指示系统，在消防控制室集中手动、自动控制，不得利用切断消防电源的方式直接强启疏散灯具。在大空间用房、走廊、楼梯间及其前室、消防电梯间及其前室、主要出入口、消防控制室、消防水泵房等场所设置疏散照

明。应急照明控制器的主电源应由消防电源供电；控制器的自带蓄电池电源应至少使控制器在主电源中断后工作 3h。

（3）地下车库非人防区车道照明灯具采用线槽安装，达到简洁、美观的效果。

6）防雷与接地系统

（1）本工程按第二类防雷建筑物设计，建筑物信息系统雷电防护等级为 D 级，预计年累计次数为 0.318 次。

（2）本工程接地采用 TN-S 系统。本工程防雷接地、变压器中性点接地、电气设备的保护接地、电梯机房、消防控制室、通信机房、计算机房等的接地共用统一接地极，要求接地电阻不大于 1Ω，实测不满足要求时，增设人工接地极。

（3）建筑的防雷装置应满足防直击雷、侧击雷、防雷电感应及雷电波的侵入，按相关防雷规范进行设计。

（4）本工程利用车辆段盖板结构钢筋作防雷接地体（共同接地体），利用盖板内的钢筋作连接线。引下线上端与接闪带焊接，下端与盖板预留结构柱接地点的钢筋焊接。

（5）在有洗浴设备的卫生间、淋浴间采用局部等电位联结。

3. 重难点及解决措施

（1）车辆段上盖开发项目类似空中楼阁，对于变配电房的设置，不同地区供电部门的要求不一致，在项目设计前必须多途径了解供电部门的设计要求。

（2）由于车辆段与上盖物业开发功能属性、管理模式都不同，从市政道路引至上盖开发的高压电缆不能先经过车辆段的道路，然后通过竖井引至 8.5m 板及 12.6m 板的变配电房。结合官湖项目的开发分期及路由可行性分析，高压电缆通过白地竖井引至 8.5m 板景观退台后，经过景观退台的覆土层引上至盖板电房。

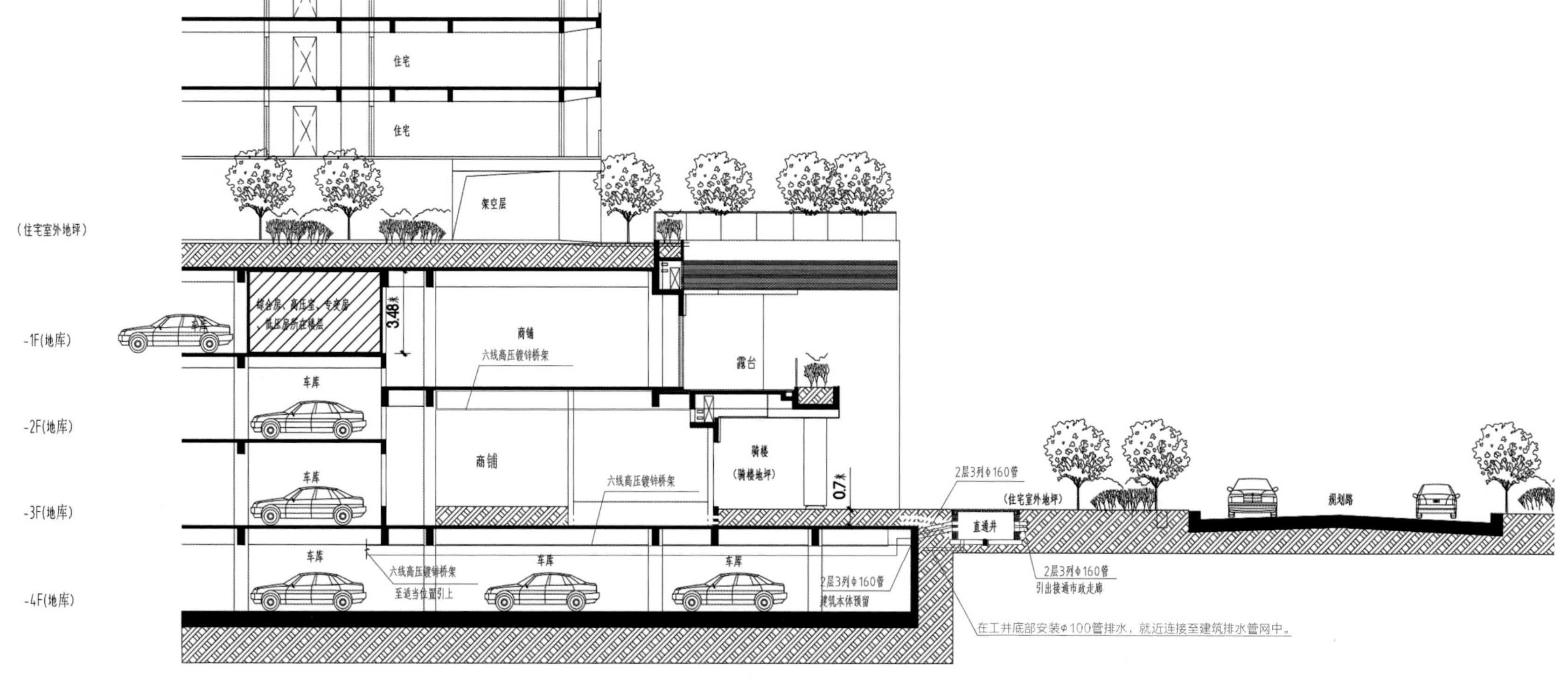

给水排水及消防

1. 概述

给水排水及消防专业的设计范围包括工程建设用地红线范围内的室内外给水排水系统、消火栓系统、自动喷水灭火系统、气体灭火系统等。

2. 主要设计方案

1）主要设计原则

（1）给水系统采用城市自来水为水源，必须满足生产、生活及消防用水对水量、水压和水质的要求，同时应坚持综合利用、节约用水的原则。

（2）排水系统的各类污、废水及雨水应分类集中，就近排放。排水系统应做到顺直通畅，便于清疏，维修工作量小。

（3）应有完善可靠的消防给水系统，对重要电气设备用房采用自动灭火系统，并设手提式灭火器，以确保能迅速有效地扑灭各种火灾。

（4）上盖物业开发与盖下车辆段的给水、排水和消防系统应完全分开，各自独立。

2）室外给水

（1）本工程用水拟分别从地块北侧环城路引入一路 DN400 市政给水管，供本小区的生活用水。在 DN400 引入管上按居民生活用水、非居民生活用水、中小学及幼儿园用水等分设计量水表。

（2）居民用水定额按 350L/ 人・天。

3）室外排水

（1）室外排水系统采用雨污分流制，雨水、污水分别排入市政雨水和污水管网。

（2）项目的污废水排放量按生活给水量（泳池用水、绿化用水除外）的 90% 计算。商业餐饮排水经过隔油隔渣处理达标后再与生活废水一并排入市政污水管网。

（3）室外雨水设计重现期取 5 年，屋面雨水设计重现期取 10 年，下沉式广场、地下车库坡道出入口的雨水设计重现期取 50 年；雨水量计算采用广州地区近 20 年降雨资料推算的暴雨公式。

4）室内给水排水设计

（1）市政水压不能直供的区域采用变频泵组加压供水。

（2）给水系统竖向分区的压力控制参数为：各区最不利点的出水压力不小于 0.10MPa，最低用水点的最大静水压力（0 流量状态）不大于 0.45MPa。住宅采用远传抄表系统：分户远传水表集中设在楼层间的水表井内，中继器设于每栋的首层管井内，终端显示设于物管值班房内。给水主立管及每户分表设于水管井内，再引支管沿地面找平层入户，至户内每个用水点。当住户用水点处的供水压力大于 0.20MPa 时在入户水表前设支管减压阀。

（3）卫生洁具

所有给水水嘴均采用陶瓷芯节水水嘴；住宅的坐便器采用 6.0L 冲洗水箱；公共卫生间的蹲便器、小便器采用自闭式延时冲洗阀。本项目采用的卫生器具、给水水件等应符合行业标准《节水型生活用水器具》CJ/T 164-2014 及《节水型产品通用技术条件》GB/T 18870—2011 的要求，采用的用水器具其启动水压不应大于 0.1MPa。

（4）小区地面 0.0m 以上采用重力自流排水，污水、废水分流排出。住宅部分采用国标机制排水铸铁管系统，卫生间污、废立管配专用通气立管，其余排水管设伸顶通气管，排水管在首层地面覆土层内引出室外。污水进入室外化粪池经三级处理后，与生活废水一起排至市政污水管网。

（5）汽车库的废水集中排到集水井，由潜污泵抽升排至室外排水管网。

（6）室内排水立管、住宅室内排水管道及其配套管件均采用 UPVC 塑料排水管，溶剂粘接。支管采用 UPVC 塑料排水管，溶剂粘接；横干管采用 UPVC 塑料排水管。明装排水管的管径大于等于 110mm 者，穿楼板和防火墙处均设阻火圈。汽车库底板内的排水管采用国标柔性接口机制排水铸铁管，潜水泵排出管均采用内衬塑钢管。

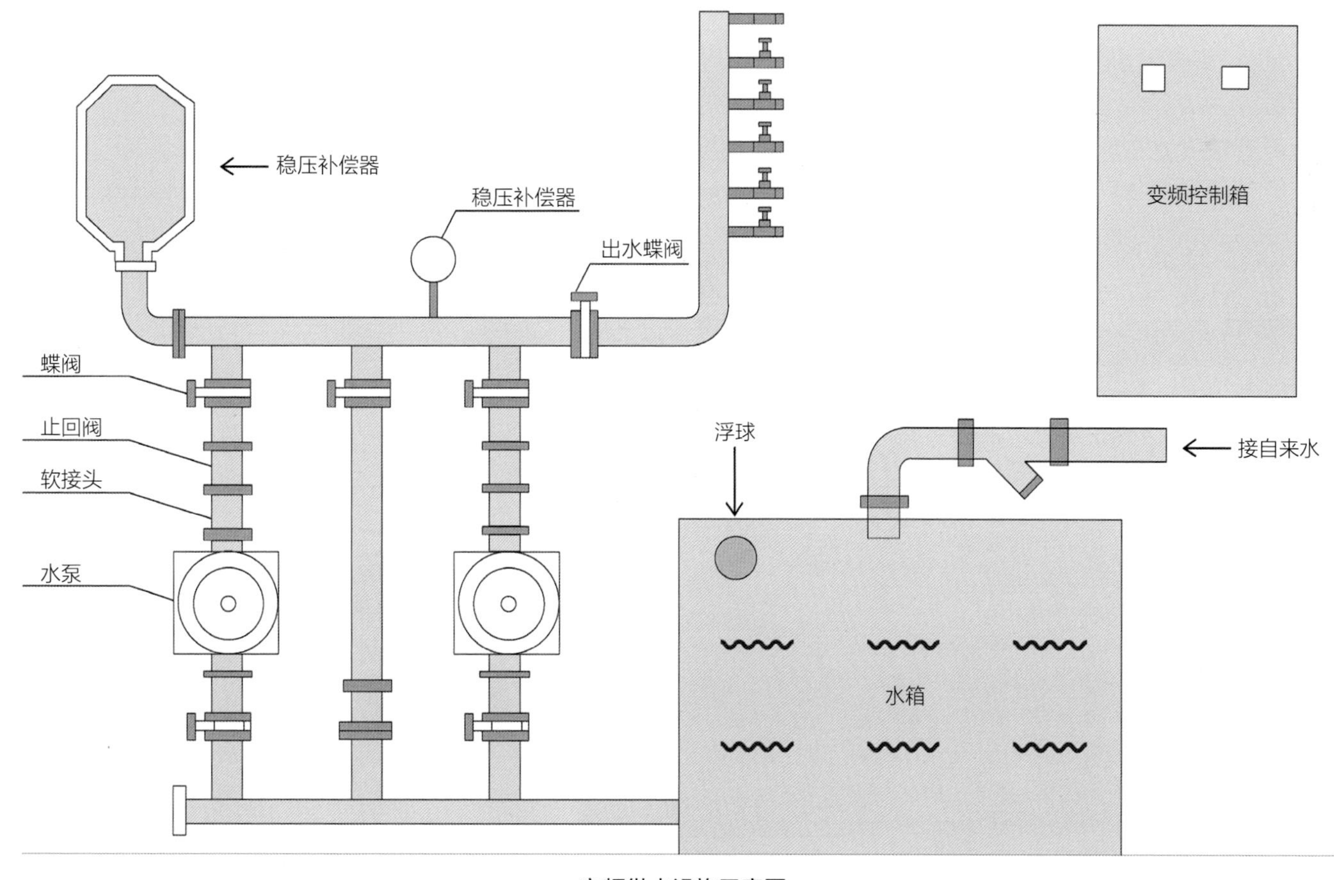

变频供水设施示意图

5）消防用水量

建筑名称	室外消火栓用水量（L/s）	室内消火栓用水量（L/s）	延续供水时间	自动喷水灭火用水量（L/s）	延续供水时间
高层住宅	15	20	2	—	—
Ⅰ类汽车库	20	10	2	30	1
商业	30	40	2	30	1
幼儿园	30	30	2	15	1
9年制学校	40	30	2	—	—

6）室外消火栓系统

（1）室外消火栓用水量由消防水池加压提供，采用临时高压给水系统，由稳压泵维持系统的充水和压力。室外消火栓给水系统采用消防用水专用管道系统，在负一层汽车库顶成水平环状布置。消防加压泵组设于地下负二层消防泵房内，由消防泵组引出两条出水管向室外消火栓系统供水。消防水池设有消防取水口，供消防车直接取水用。

（2）室外消火栓管道布置在地下室内，方便维护管理。

7）室内消火栓系统

（1）室内消火栓系统采用临时高压给水系统，全建筑均设置室内消火栓系统保护，消防给水泵组设于地下负二层消防泵房内，由消防泵组引出两条出水管向室内消火栓系统供水；室内消火栓系统平时由设于塔楼屋面的高位消防水箱及稳压泵组保持系统的准工作状态。

（2）在每层的消防电梯前厅或主要出入口处及适当的位置设置室内消火栓。全系统采用SN65单栓消防箱，保证同层相邻两个消火栓的水枪充实水柱同时到达被保护范围内的任何部位。

8）自动喷水灭火系统

（1）自动喷水灭火系统为湿式系统，设置闭式喷头的部位包括高度超过 100m 的住宅、地下车库、商业、可用水灭火的设备用房（不宜用水扑救的部位除外）。

（2）喷淋系统由屋顶消防水箱 + 减压阀稳压，当各层的配水管入口压力大于 0.40MPa 时，在配水管的入口处增设减压孔板。

（3）汽车库按中危险级 II 级设计，喷水强度为 8L/min・m^2，计算作用面积为 160m^2，每个喷头的保护面积不大于 11.5m^2。湿式报警阀设于负一层消防泵房。每个湿式报警阀控制的喷头数不多于 800 个，最不利点处喷头的工作压力不小于 0.05MPa。

9）气体灭火系统

地下室高低压配电房、变配电房、储油间、发电机房、弱电主机房等电气用房采用七氟丙烷全淹没灭火系统。弱电机房的灭火设计浓度为 8%。设计喷放时间 <8s；其余设备房的灭火设计浓度为 9%，设计喷放时间 <10s。

10）建筑灭火器配置

项目配置磷酸铵盐干粉灭火器。

（1）地下车库按中危险级、A+B 类火灾配置 MF/ABC5 手提式灭火器，每点灭火器的最大保护距离不大于 12m。高层住宅按照中危险级、A 类火灾配置 MF/ABC3 手提式灭火器，每点灭火器的最大保护距离不大于 20m。

（2）商铺、变配电房按中危险级配置手提式磷酸铵盐干粉灭火器，每点灭火器的最大保护距离不大于 20m。

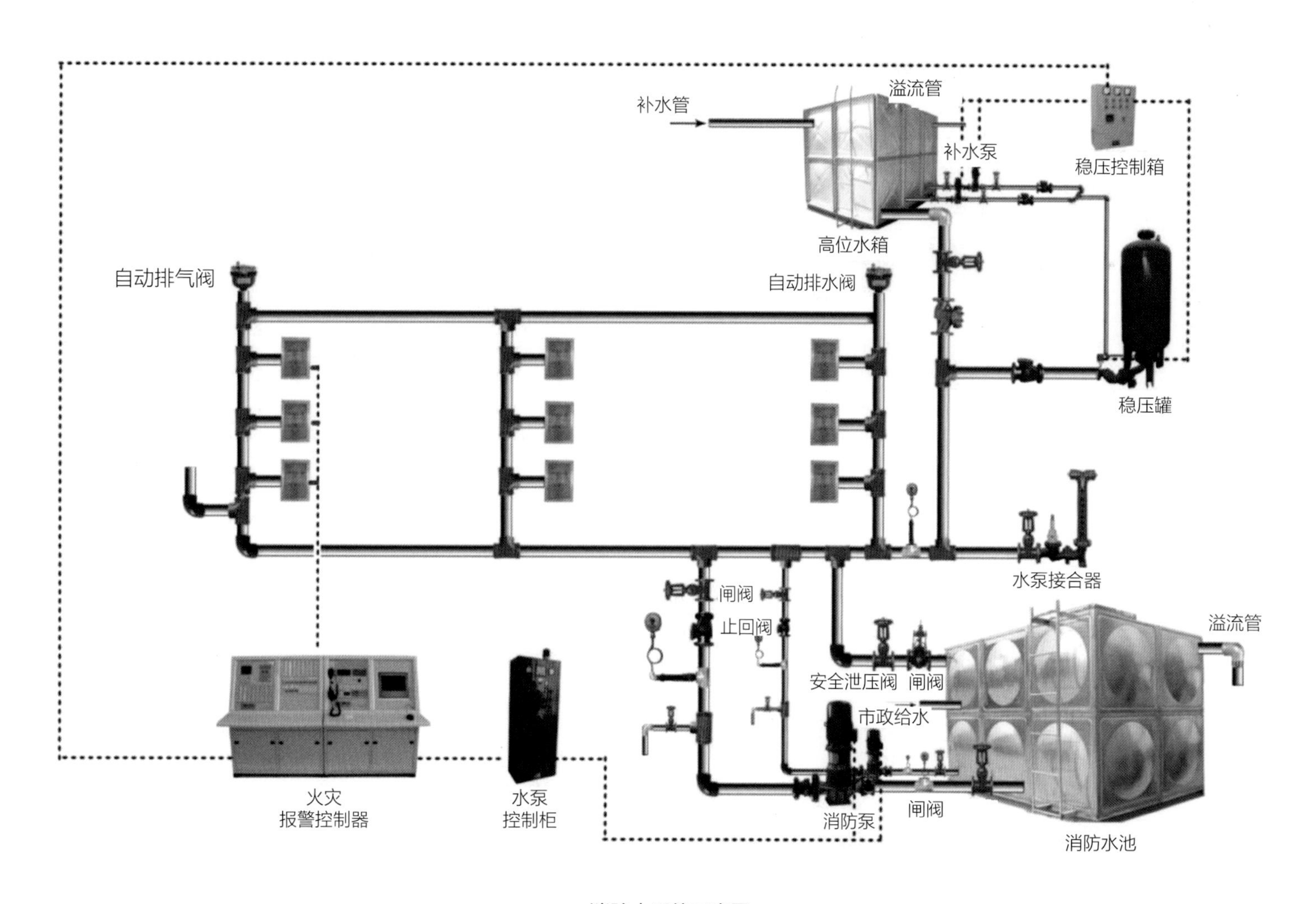

消防水系统示意图

1. 概述

通风空调的设计范围包括工程建设用地红线范围内的防排烟系统、通风系统、空调系统等。

2. 主要设计方案

1）主要设计原则

（1）上盖开发与车辆段的系统相互完全独立设置，不应相互影响；

（2）通风空调系统设计应在满足要求的前提下力求简洁，同时系统设计时应采取相应的节能措施；

（3）对不需设空调的设备用房、车库等，自然通风能达到要求的采用自然通风，自然通风达不到要求的设置机械通风；

（4）空调系统的冷源形式结合工程特点、空调总冷负荷、负荷集中程度、冷负荷变化特点、运行能耗等因素进行综合比较后确定；

（5）通风空调系统应采用安全运行、技术先进、可靠性高、节省空间、便于安装和维护、高效节能且自身自动控制程度高的设备。

2）通风空调设计

（1）商铺、学校及社区服务中心办公用房、电信机房、消防控制中心、电梯机房等设置分体空调或多联机空调；

（2）住宅客厅及房间、临街商铺等预留分体空调室内机和室外机安装条件，分体空调由用户后期自行安装，室内空调冷凝水应有组织排放；

（3）柴油储油间、用燃气的厨房、发电机房等设事故排风系统，卫生间、电梯机房、地下车库以及各类设备用房设计机械排风。

3）防排烟系统设计

（1）地下汽车库有条件的采用自然通风，无法满足自然通风的根据防火分区设置机械通风及排烟系统，进排风机与平时通风合用；

（2）面积大于 100m^2 的地上房间，采用自然排烟措施；地下总建筑面积大于 200m^2 或一个房间建筑面积大于 50m^2 的设置机械排烟；超过 20m 的疏散走道设置机械排烟；

（3）地上不超 100m 的住宅楼梯间及前室优先考虑自然通风，无法满足的情况设置机

械防烟；地下一层封闭楼梯间在首层设置不小于 1.2m^2 的可开启外窗或直通室外的疏散门，地下其余无自然通风条件的楼梯间及前室设置机械防烟。

4）防排烟控制

（1）当防火分区内火灾确认后，火灾自动报警系统应能在 15s 内联动开启常闭加压送风口和加压送风机、排烟口（阀）、排烟风机，在 30s 内自动关闭与防排烟无关的通风、空调系统，并应符合下列规定：

①应开启该防火分区楼梯间的全部加压送风机；

②应开启该防火分区内着火层及其相邻上下层前室及合用前室的常闭送风口，同时开启加压送风机；

③负担两个及以上防烟分区的排烟系统，应仅打开着火防烟分区的排烟阀或排烟口，其他防烟分区的排烟阀或排烟口应呈关闭状态。

（2）加压送风机的启动应满足下列要求：

①现场手动启动；

②通过火灾自动报警系统自动启动；

③消防控制室手动启动；

④系统中任一常闭加压送风口开启时，加压风机应能自动启动。

（3）排烟风机、补风机的控制方式应符合下列规定：

①现场手动启动；

②通过火灾自动报警系统自动启动；

③消防控制室手动启动；

④系统中任一排烟阀或排烟口开启时，排烟风机、补风机自动启动；

⑤排烟防火阀在 280℃时应自行关闭，并应连锁关闭排烟风机和补风机。

（4）排烟和补风机以及加压送风机除在消防值班室控制外，就地设有控制和检修开关。

（5）排烟风机的进口处设 280℃排烟防火阀自动关闭，输出信号联锁关闭排烟风机和补风机，手动复位和关闭。

（6）加压送风机的进口处设 70℃自动关闭的防火阀，并联锁关闭加压风机，手动复位和关闭，输出关闭信号。

（7）防排烟系统的手动、自动工作状态，防烟排烟风机电源的工作状态，风机、电动防火阀、电动排烟防火阀、常闭送风口、排烟阀（口）、电动排烟窗、电动挡烟垂幕的正常工作状态和动作状态等信号须反馈至消防联动控制器。

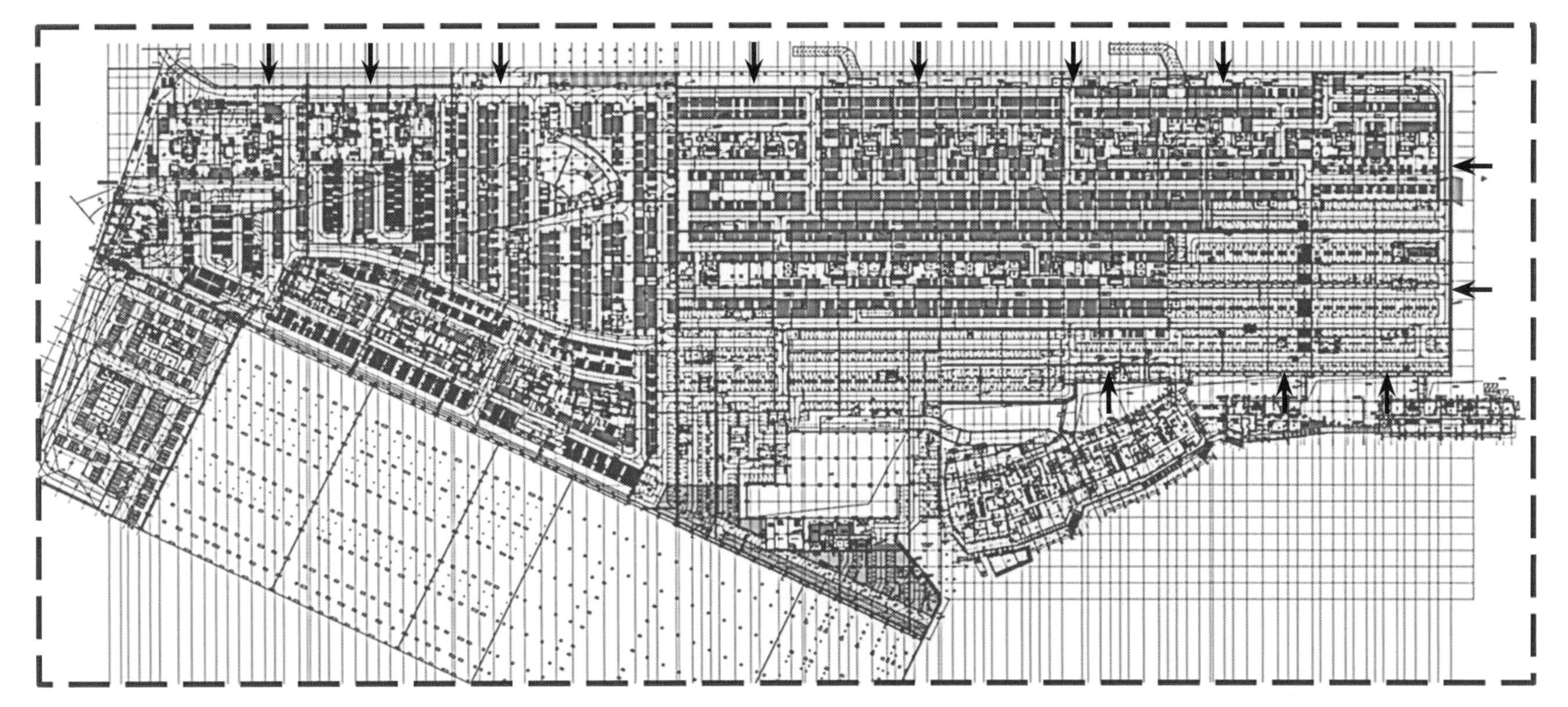

侧边自然通风或自然补风示意图

3 关键技术

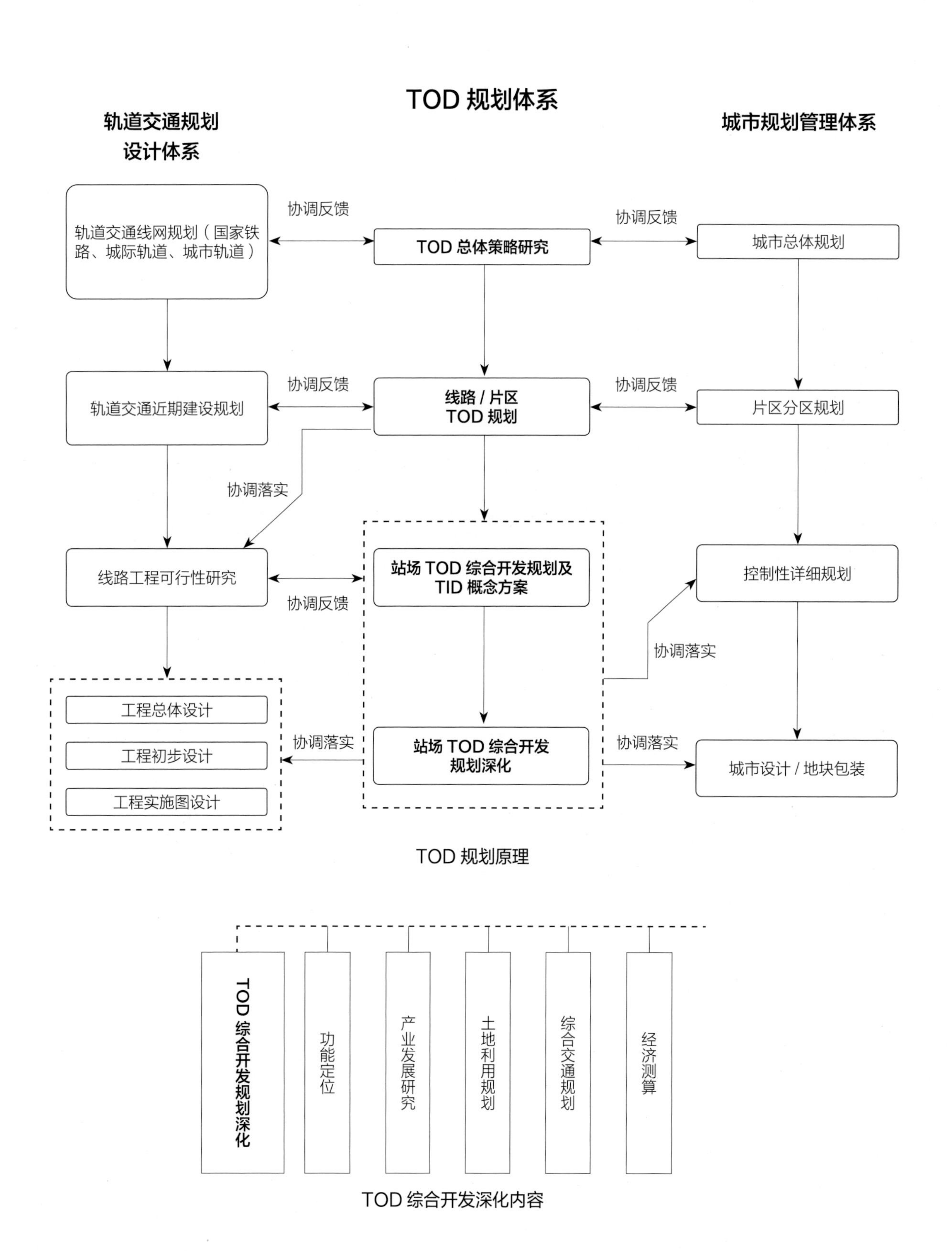

TOD 规划原理

TOD 综合开发深化内容

3.1 规划理论

TOD 的规划设计，基本原则是实现轨道交通规划发展线与城市规划发展线的双线协调与平衡。

TOD 的总体规划阶段，实现线网总体规划与城市总体规划的协调；TOD 综合开发策划阶段，考虑站点用地、业态等与区域规划发展相匹配；TOD 综合开发方案设计阶段，落实设计指标与控制性规划指标相匹配；TOD 综合开发的设计姿态，与区域城市设计相协调。

官湖车辆段上盖开发实践中，从线网规划阶段的前期论证到综合开发方案设计，都贯彻了 TOD 规划原则，落实了轨道交通规划和城市规划的双向适配。

线网规划阶段，依据 TOD 总体发展策略指引，综合考虑轨道交通近期、远期规划的检修和使用需求，拟定车辆段选址和建设指标。

TOD 综合开发策划阶段，抓住广州城市战略的政策锚点，依据增城城市规划和新塘镇的规划定位和发展需求，整合区域发展条件，形成以居住为主导的大型车辆段上盖综合开发项目，完成破题。

TOD 综合开发方案设计阶段，与车辆段工程协同设计，与城市的居住密度、交通、环保、形象等专项控制细则协调一致，达到了涵养线网客流、提升土地价值、提供宜居环境、拉动就业等目的。落实轨道交通发展与城市发展协调，并实现提升共赢、可持续发展。

以人为中心

“以人为中心”的设计努力重塑多样化、人性化、社区化的城镇生活氛围

土地高效开发

通过提高密度来增加土地使用效率、遏制蔓延

优化城市结构

实现土地高效，集中开发与宏观上的分散布局相对应，优化城市结构

良性循环

轨道交通勤客流的提升，推动沿线商业发展及土地开发，进入良性循环

高效可达性

形成以轨道交通站点为中心的环形放射状路网，突出步行，实现多种交通方式的零换乘

混合功能

实现商业、办公、居住休闲、娱乐功能为一体

TOD 理念对城市设计的影响

广州 TOD 发展阶段及特点

《TOD 规划设计理论研究》中，将 TOD 分级为站点综合效应、站区集聚效应、站群结构效应。广州 TOD 发展，也呈现出与其对应的阶段性特征。

TOD1.0 阶段 站点综合效应：高密度 (Density)、土地混合利用 (Diversity)、空间设计 (Design) 的 3D 理论。

TOD2.0 阶段 站区集聚效应：精明增长、明确场所集聚价值，综合考虑公共交通和土地利用之间的互动。

TOD3.0 阶段 站群结构效应：实现居住与就业相匹配，压缩通勤时空距离。降低碳排放量，优化城市功能布局。

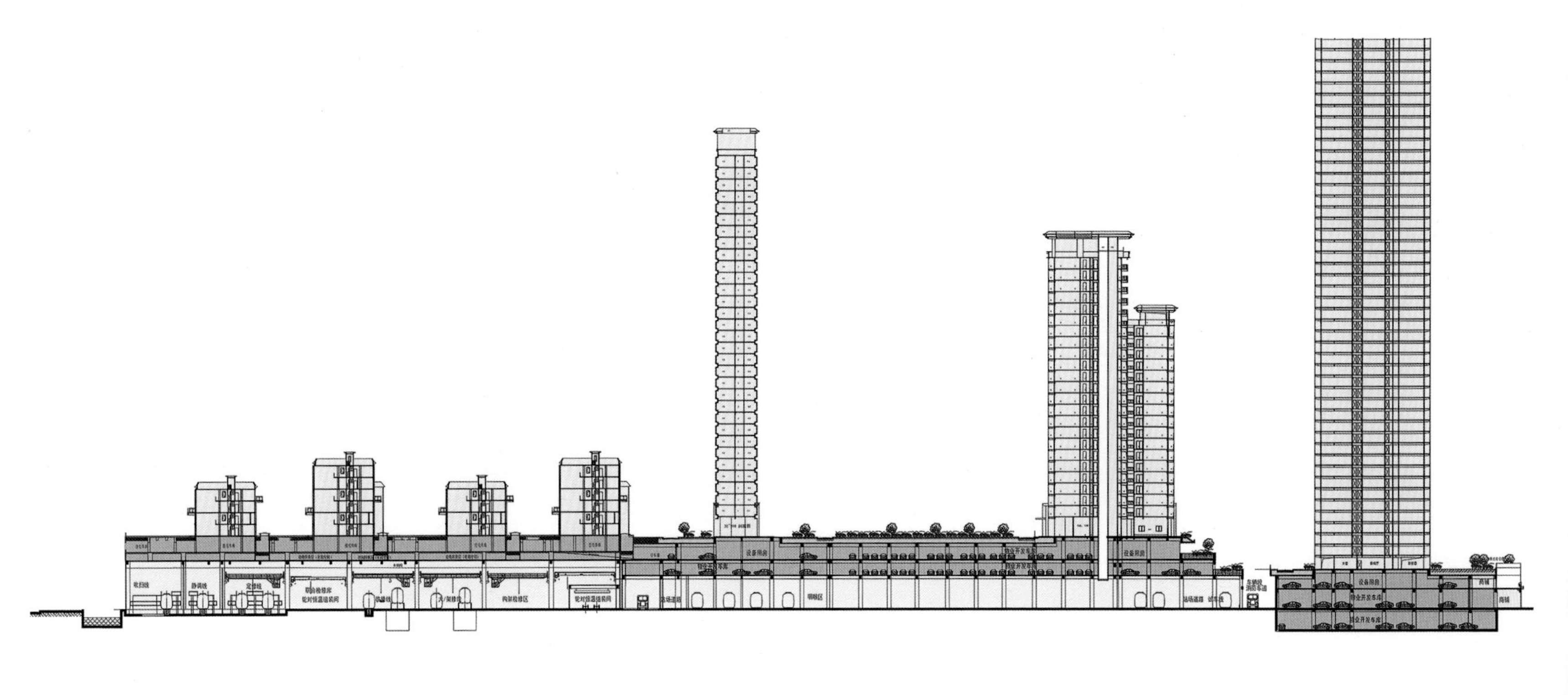

3.2 城市设计

2015年住房和城乡建设部发布《城市轨道沿线地区规划设计导则》指导城市轨道沿线地区的规划设计，优化功能布局和空间结构。

官湖车辆段上盖综合开发，落实了TOD3.0站城一体的设计思路。不仅是单纯的车辆段上盖，更依托官湖地铁站而具备了TOD综合体对城市设计的宏观引导性，开创高效、开放、共享、激活为特性的城市发展新模式。

官湖车辆段对城市设计的引导性主要体现在以下五个方面：

1. 聚合开发

站点核心区高密度集约开发，提高土地效率，遏制无序蔓延。

2. 混合功能

在项目功能策划阶段充分调研市场情况，并与城市区域规划、交通规划的功能定位衔接，经过业态分析，提出各类业态的匹配度、建设强度、功能混合、分层确权的指引。

实现商业、办公、居住、休闲、教育等全场景社区。

3. 优化城市发展格局

改变城市“摊大饼”式的单一集中型发展结构。通过在近郊区实施TOD综合开发，形成新的交通枢纽、商业生活中心，构建多中心城市新格局，形成多中心区域联动、产城一体。

4. 城市缝合

以物业开发车库层作为可通行层，形成立体交通，缝合城市路网。出让共享空间，并设计绿色视廊连接地铁站点、湿地公园等，串连城市公共空间。

以综合物业开发为中心，有效建立交通网络、空间网络、人文网络。

5. 空间形态

城市空间形态的塑造，包括城市疏密、城市轴线、清晰的路网、标志性门户等。官湖项目高密度聚合，腾挪出更多城市绿色共享空间。巨大的空中城镇和绿色社区，打造成增城名片，具有更高的聚合力和辨识度。

欢迎回家

BestCare
BestCare

3.3 建筑空间

TOD 项目由于交通位置的便利，因此以交通枢纽为中心的地块，是一个功能用途混合、生活便利的中心，从而具有非常大的凝聚力及辐射力。映射到 TOD 项目设计中，呈现出一种高强度、高密度、紧凑式的复合立体空间形态。

连接性

连接轨交与不同街区功能，让功能更加紧凑，达到高密度开发的目标。解决悬浮之城的三维可达性，做好立体衔接和公共交通组织，多首层的联动设计等，是空间设计考虑的要点。

功能混合

交通、服务、零售、文娱、教育、办公等功能混合，如何把握分区与交互的尺度也是空间设计的重点。通过构筑 TOD 立体空间，实现秩序井然的业态场景串连，促进生活与人文的融合共生。

宜居性

建筑、空间、环境三要素的融合设计，实现建筑空间的宜居性，创造以人为本的空间尺度。

重视空间的引导性、识别性。在步道中，每隔 150~200m，设置一个场景节点，并在必经道路上设置不同的功能业态，让住户的日常工作、生活、消费效率得到最大的提升。

3.4 防灾安全

本项目依托《城市综合防灾规划标准》GB/T 51327—2018，结合项目特征开展韧性城市理论在工程性防灾安全保障措施应用：

- 内涝防洪规划；
- 抗震规划；
- 消防设计；
- 人防规划；
- 地质灾害防治；
- 高空防坠落设计。

本项目防灾设计重视城市建筑与基础设施安全管控；通过科学地提升盖上结构、市政基础设施等技术设计的安全性和使用舒适性，有利于轨道交通上盖综合体防灾减灾在韧性城市建设的推广，提供可持续发展的借鉴与实例。

防洪规划

经过现场踏勘，收集工程区有关资料，根据国家、行业现行有关法律法规、技术标准的要求，通过水文分析计算、防洪排涝影响分析，对地铁十三号线官湖车辆段进行防洪影响评价，认为广州市轨道交通十三号线官湖车辆段的建设可行，并形成了《广州市轨道交通十三号线官湖车辆段防洪影响评价报告》。

官湖车辆段的防洪设计标准为 100 年一遇。官湖车辆段位于龙塘涌出口上游，对应于官湖河附近，经查询官湖河 100 年一遇设计水位 10.37m，考虑 0.5m 的安全超高，因此建议官湖车辆段场坪标高不低于 10.90m。实际盖下车辆段的正负零标高为广州城建高程 11.6m，上盖住宅相对应的大堂 ±0.000m 大部分对应广州城建高程为 30.05m，已远高于百年一遇的水位设计。

内涝预防处理

由于官湖车辆段需进行上盖开发，整个站场股道区全部位于盖板下方，因此车辆段路基面无需排水设计。部分位于盖板之外的站场道路，采用市政雨水口加雨水管的布置形式，纵向和横向管网与当地排水系统紧密结合，尽量使汇水面至出水口的路径顺直和排水距离最短，并采用重力自流方式。

对于上盖开发的防涝主要解决了以下重要的几个方面：对盖上的消防车道排烟孔采取加高反坎防止雨水倒灌，对盖板车库内的变形缝处加强排水措施防止覆土渗水通过车辆段变形缝往下方渗水，白地与车辆段之间采用实体墙封堵，防止物业开发的雨水往车辆段内排放。

抗震规划

官湖车辆段所在的增城市抗震设防烈度为6度，设计基本地震加速度为0.05*g*，场地地震设计分组为第一组，场地土为中软土~中硬土，覆盖层厚度>7.0m，建筑场地类别为Ⅱ类。

官湖车辆段盖下属于标准设防类（丙类）；上盖开发住宅、车库、配套商业属于标准设防类（丙类），幼儿园、中小学校属于重点设防类（乙类）。

结合车辆段上盖开发的特点，建筑结构抗震设计根据《建筑抗震设计规范》GB 50011—2010、《高层建筑混凝土结构技术规程》JGJ 3—2010和《超限高层建筑工程抗震设防专项审查技术要点》（建质〔2015〕67号）的有关规定进行超限判定，在一级盖板设计阶段进行超限高层建筑工程抗震设防专项预审查，在二级上盖开发设计阶段进行超限高层建筑工程抗震设防专项正式审查，并按超限审查意见进行施工图设计。

超限设计时，采用抗震性能化设计方法，多软件进行对比计算分析，寻找结构薄弱部位，确保满足结构整体抗震性能。

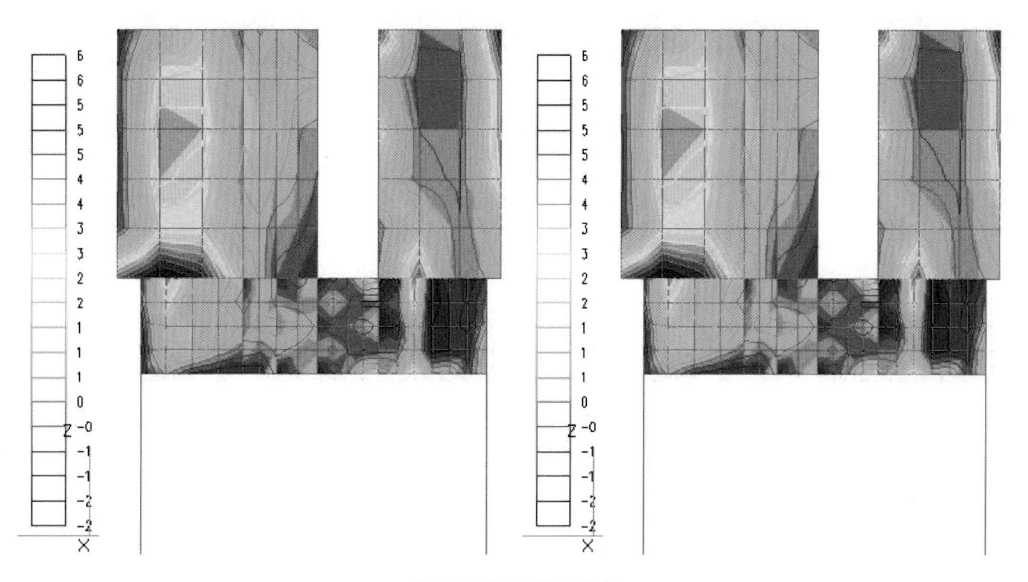

转换构件有限元分析

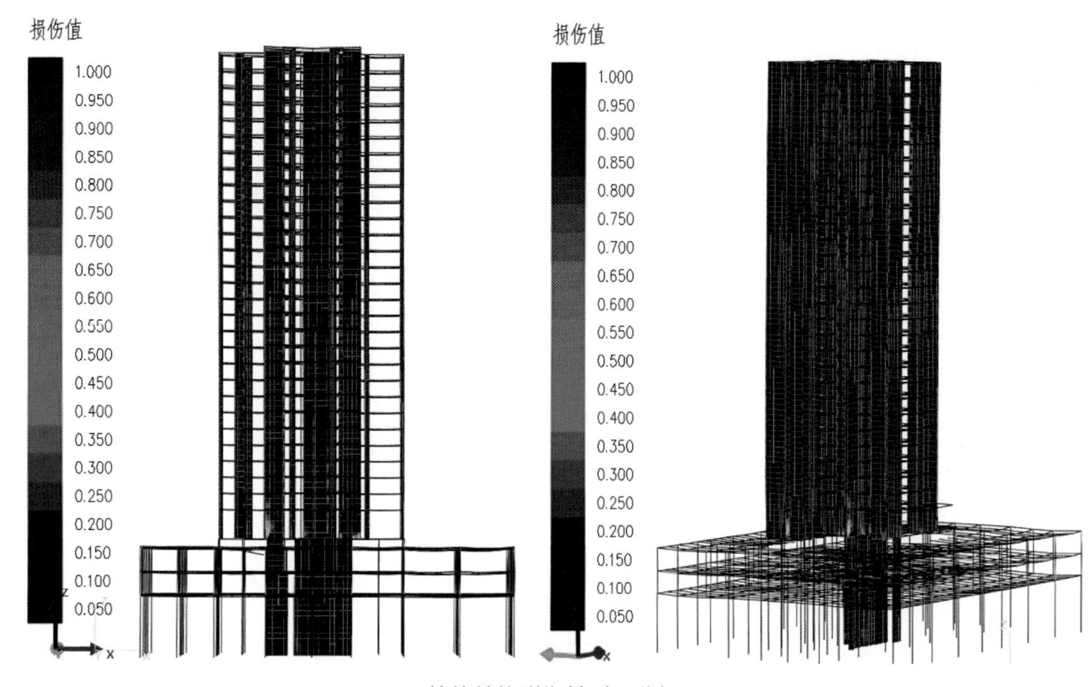

整体结构弹塑性时程分析

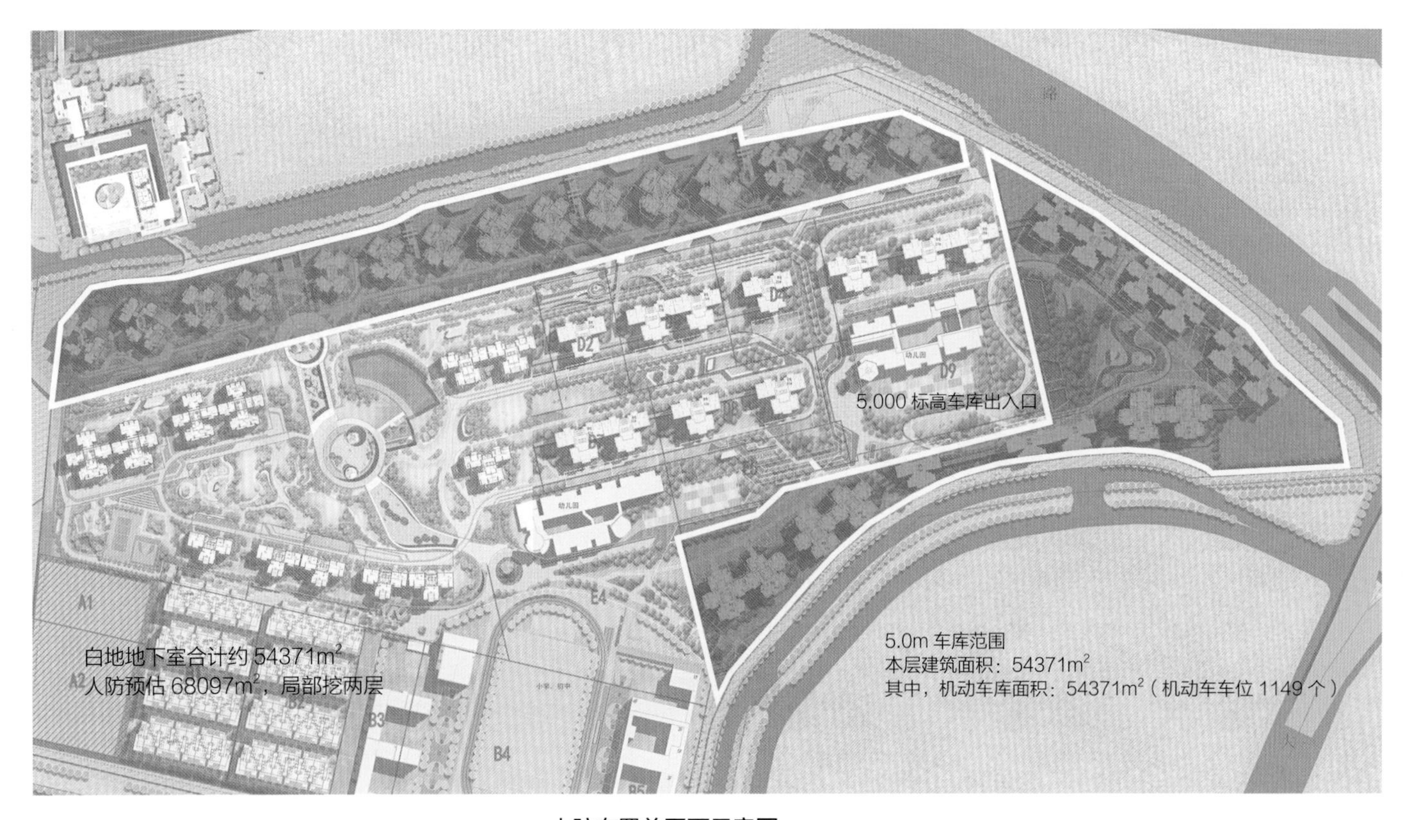

人防布置总平面示意图

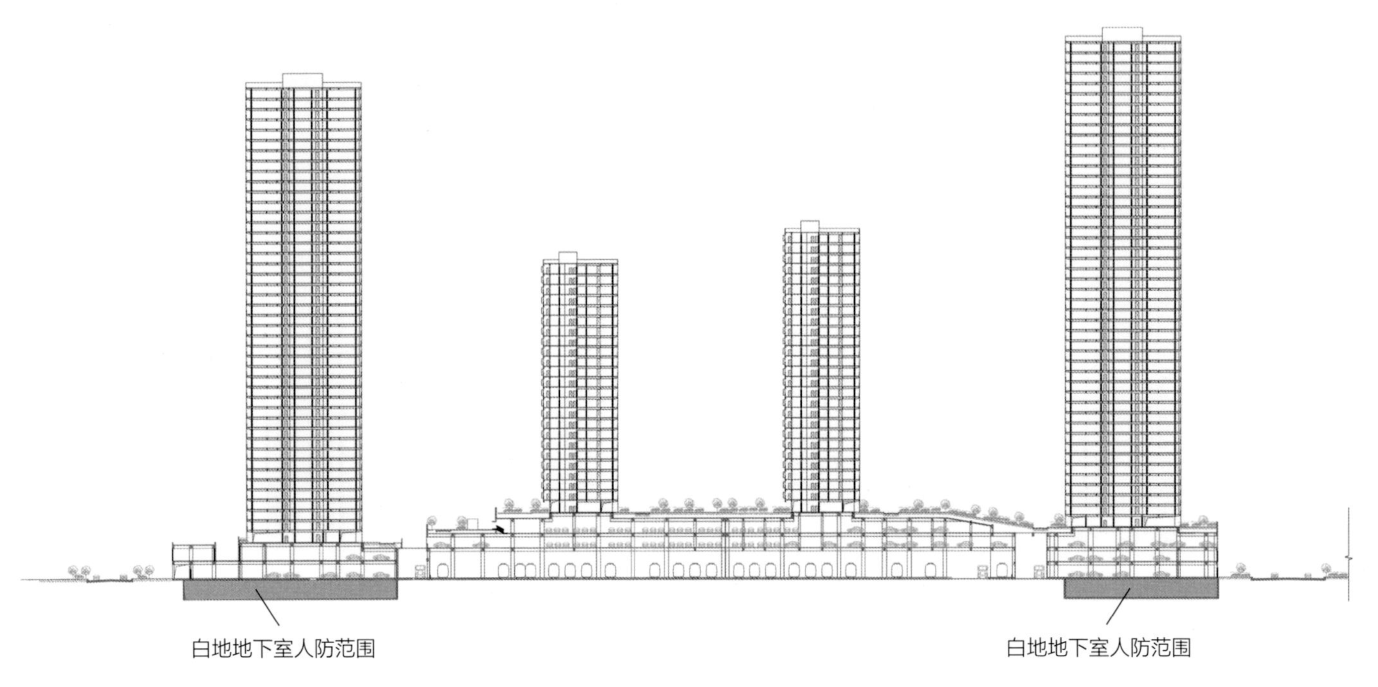

人防布置剖面示意图

人防规划

由于盖板范围无法实施真正的地下室，项目从早期考虑将人防统筹放于白地地下室，并根据开发规模预估人防面积约 6.8 万 m^2。根据最终二级实施方案，人防面积约为 6.76 万 m^2，按部分常 5 核 5、部分核 6 常 6 的等级设置。

高空防坠落设计

车辆段未覆盖的盖板边缘多数仍为车辆段生产或轨道延伸的空间，为减少因上盖开发带来对盖下的高空抛物隐患，对一些风险较高的位置采取了安全措施。

盖板边缘的防护

①盖板边缘多数为住宅小区的园林空间或居民的活动场地，为减少对盖下的抛物风险，采用了实体围墙或穿孔板等多种方式进行防护。

②咽喉区

由于本项目在大部分咽喉区上方也设置盖板进行了开发，为减少盖上对下方轨行区高空抛物的隐患，对咽喉区临盖板边的范围增加了钢结构雨篷进行防护。

匝道的防护

由于本项目市政道路茅山大道上跨段与盖上车库连接的匝道位于轨道上方，出于运营安全要求，也对匝道两侧增设了安全防护网。

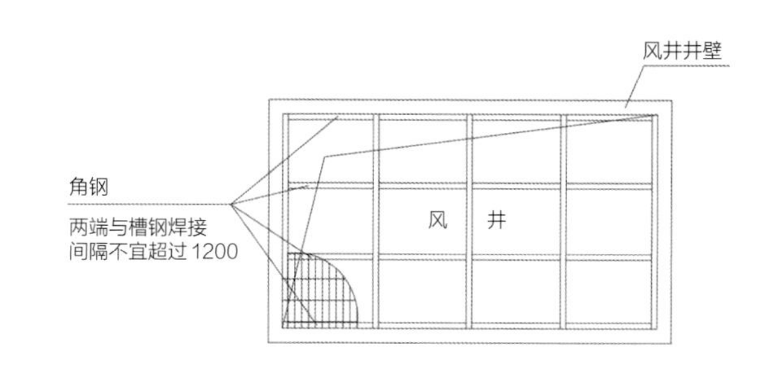

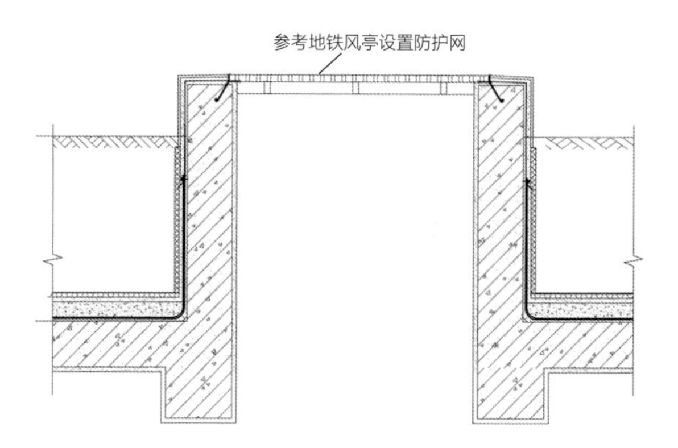

3.5 专项技术

车辆段上盖项目，不同于常规类型项目，在全设计周期中，应用了多种专项技术：

（1）盖板高差处理专项技术；

（2）联动设计优化技术；

（3）盖上车库标准化设计；

（4）减振降噪技术。

盖板高差处理专项技术

上盖开发，有多首层、多高差的特点，被称为立体城市。

通过高差的有效处理，可以将难点转变为亮点。

盖板高差的有效利用

（1）通过层层迭起的空间序列，创造具有引导性、识别性的空间场所。

（2）盖上车库侧面设置景观退台，形成阳光车库。地下室有效地利用景观退台进行疏散、通风及排烟，减少设备用房。

（3）排水系统利用车辆段盖板形成的竖向落差，因地制宜跌级排水，管线系统与车辆段完全独立，在不影响地铁车辆基地安全运营的前提下，实现了盖上排水系统可靠、安全、节能运行。

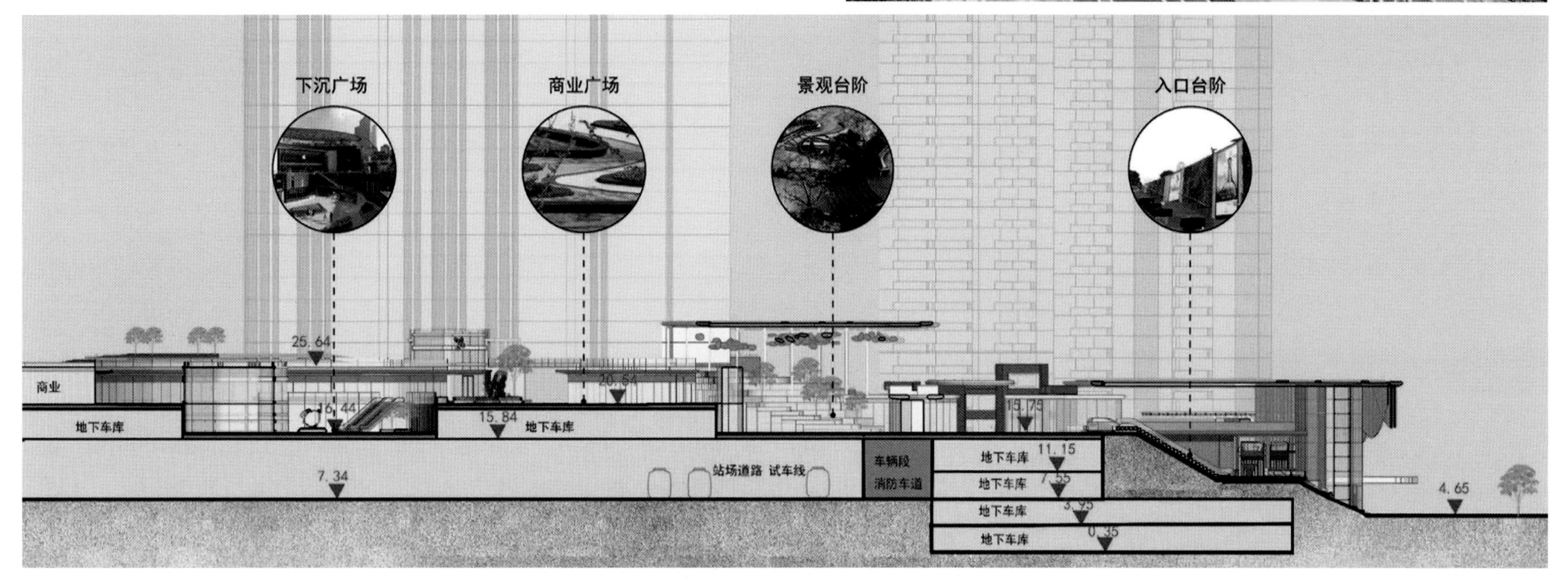

车库标准化技术

车库标准化研究

车辆段盖上车库，与常规物业开发的地下车库相比，受到更多限制，需要解决更多问题。

例如：①车库柱网受盖下限制；②与白地车库、市政道路连接与通过问题；③转换层高差、盖板荷载问题等。

官湖、萝岗项目作为广州首批开展上盖开发工作的试点，对盖上车库进行针对性的设计和总结，具有很高的研究价值。

研究成果一：形成盖上车库指引
研究成果二：指导 AI 车库设计
研究成果三：提出相关限额指标

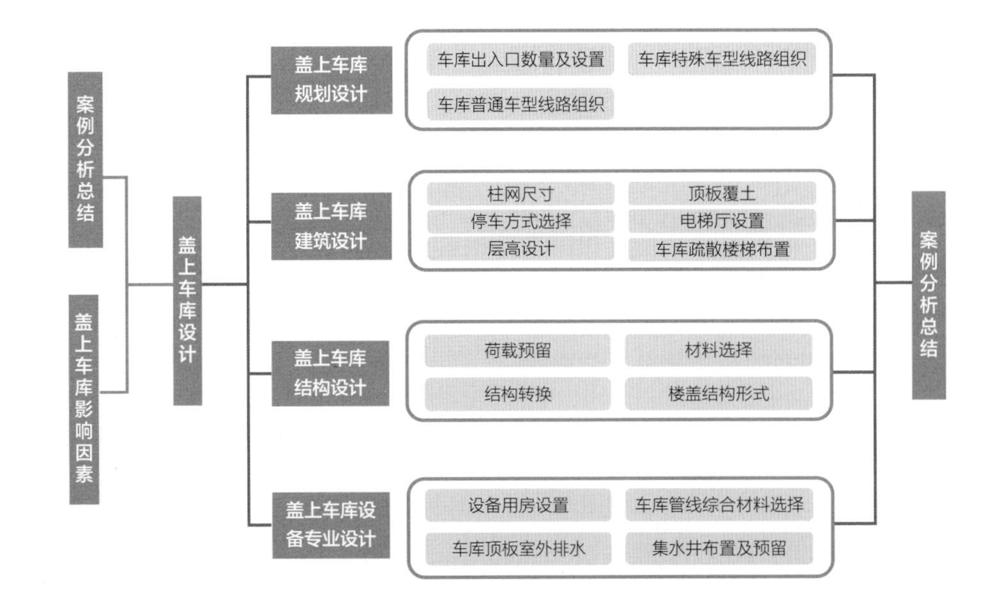

基本单元及组合模式研究

结合盖板上下模数关系，提出基本柱网单元策略

（1）垂直轨道方向：

• 分析车辆段不同功能分区的最小轨道线跨要求；

• 车辆段轨道布置模数 + 盖上停车柱跨模数，取最小公约数作为柱网模数。

（2）平行轨道方向：

• 根据停车需求，选择最佳柱网模数 8100mm；

• 两个方向柱网叠合，形成基本设计单元。

基本单元的多种组合方式

一线跨、两线跨、三线跨基本单元的不同组合及对应的最优停车布局。

车库设计中的优化设计指引

车库平面设计指引

（1）上下协同、优化结构柱网设计：

• 在较为规整的运用库轨道区，以垂直停车为主，局部设置平行停车；

• 在咽喉区等无法规则落柱的区域，通过结构的单向转换，保证一个方向 8100mm 的规则柱距，盖上停车布局顺应规则柱网方向。

（2）塔楼间距的布置尽量满足双排停车的模数：

沿塔楼顺应轨道的方向平行布置，前后间距尽量满足双排停车模数。

（3）设备房、核心筒设计原则；

（4）车道及车位设计原则。

车库层高优化及设计指引

（1）各功能区域车库净高控制原则；

（2）不同荷载区域结构设计原则；

（3）管综高度及排布方向设计指引。

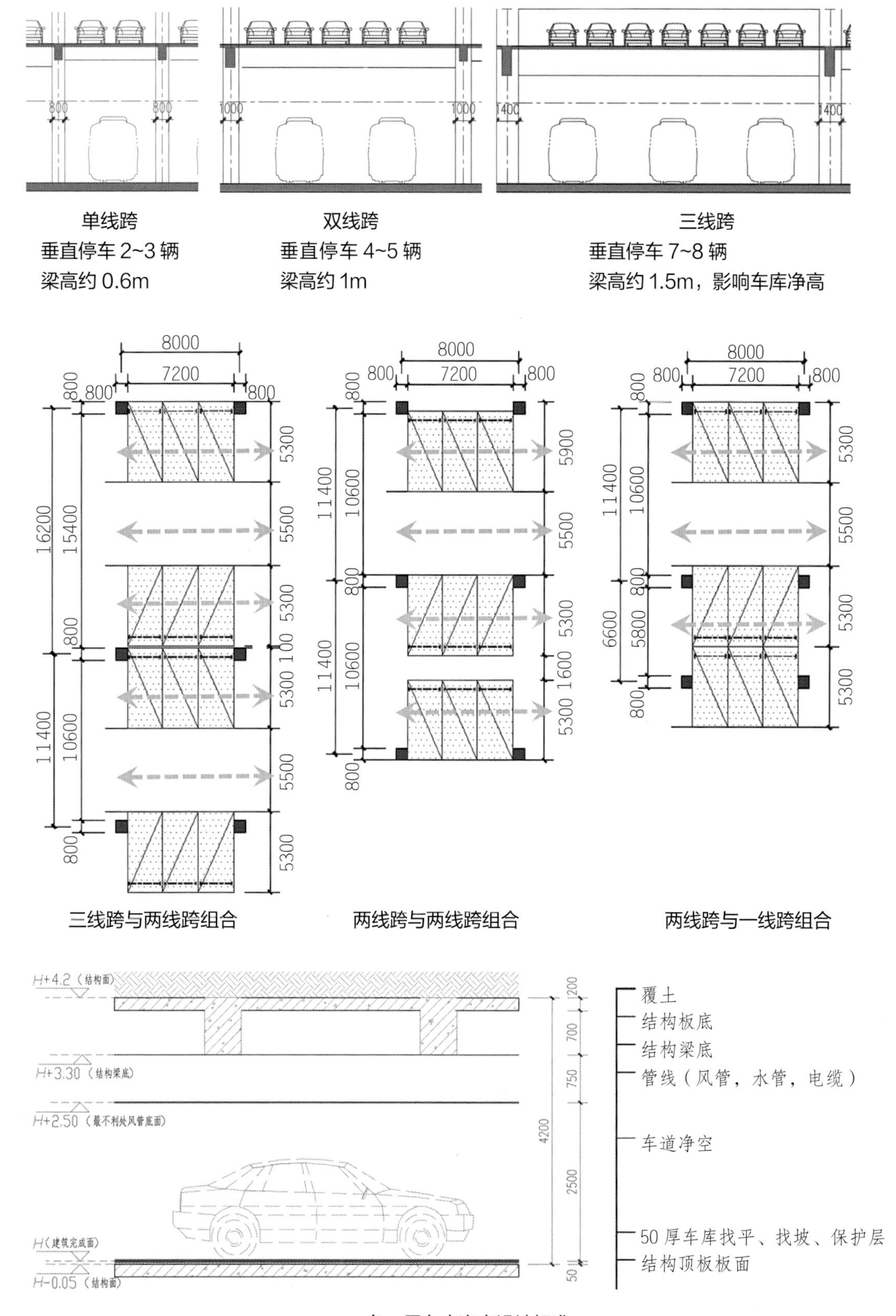

负一层车库净高设计标准

减振降噪技术

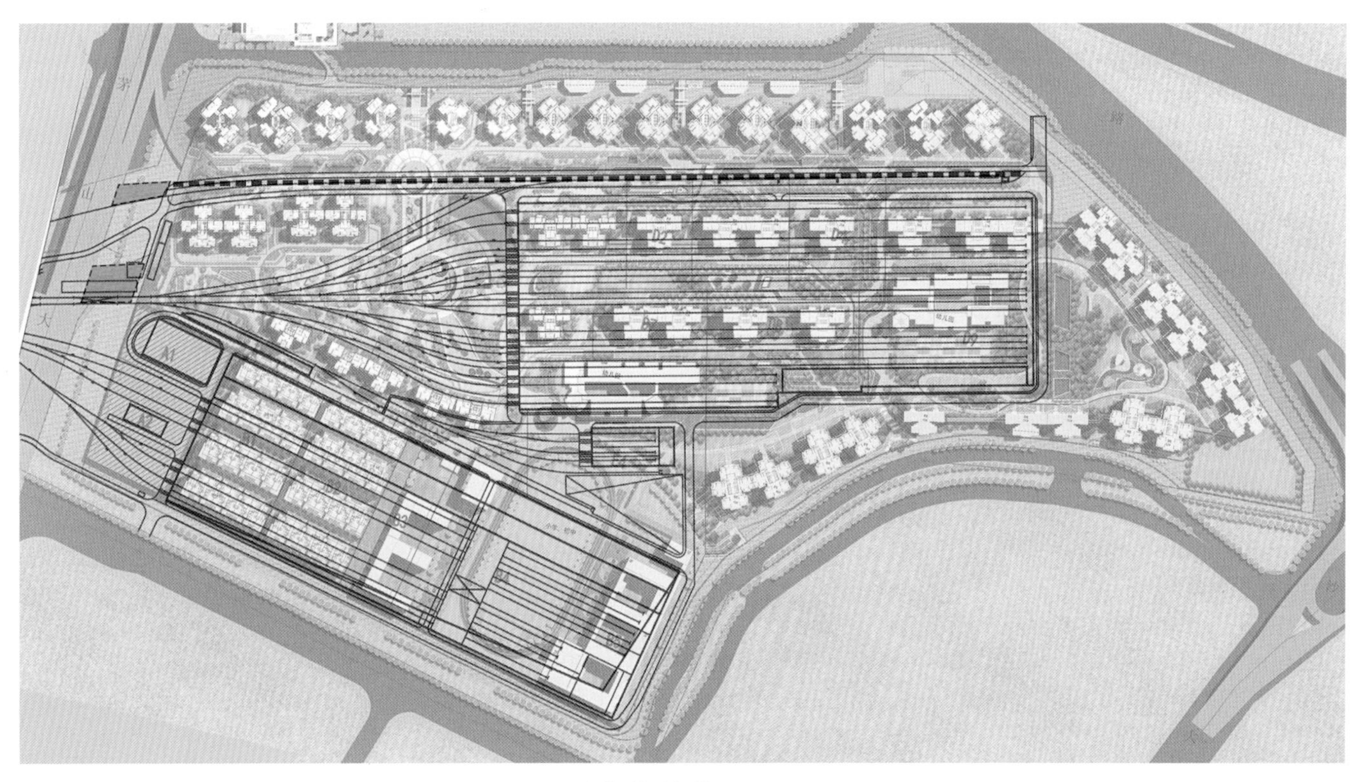

轨道减振施工图

车辆段振动及噪声控制

1. 设计标准

官湖车辆段进行上盖物业开发，上盖物业建筑的主要类型有住宅楼、小学、幼儿园等敏感建筑。振动和噪声须按以下标准验收：

（1）建筑物室内振动 Z 振级和 1/3 倍频程铅垂向振动加速度级应满足《住宅建筑室内振动限值及其测量方法标准》GB/T 50355—2018 中二级限值要求；

（2）建筑物室内二次结构噪声等效 A 声级满足《城市轨道交通引起建筑物振动与二次辐射噪声限值及测量方法标准》JGJ/T 170—2009 中 2 类限值要求，室内二次结构噪声 1/1 倍频程声压级满足《住宅建筑室内振动限值及其测量方法标准》GB/T 50355—2018 中二级限值要求。

2. 改造重点

为减少物业开发的噪声影响，在一级盖板同步实施工程的基础上，项目进行了降噪改造设计，主要设计内容如下：

（1）试车线：在试车线与消防通道之间增设声屏障，长度为试车线东侧茅山大道至西侧线路末端；

（2）咽喉区：在试车线防护盖板（屋盖一）和洗车机防护盖板（屋盖二和屋盖三）两侧增设声屏障；

（3）屋盖三的钢结构设计（茅山大道至匝道之间的区域）。

3. 结构减振措施

咽喉区

咽喉区设置碎石道床，轨道结构与盖板结构不相连。

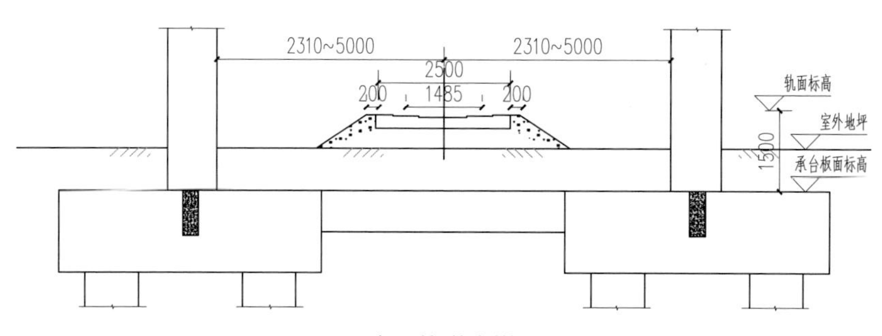

咽喉区轨道大样图

库房区

库房区道床轨道结构与主体结构设置变形缝脱开。

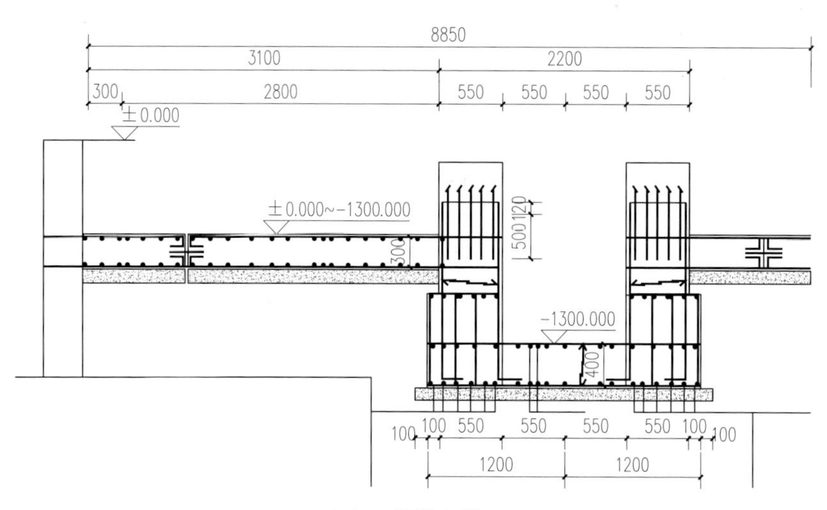

库房区轨道大样图

4. 施工减振方案

咽喉区减振方案

咽喉区正上方受列车出入库影响的有住宅楼、教学楼，因此在距离盖上建筑 15m 以内的道岔范围采用减振措施，并考虑建筑物对振动的响应和敏感性，减振范围的确定至少应在道岔两侧延长 25m。考虑到道岔区的结构特点，推荐道岔区采用减振垫。实施范围包括综合楼和 5 栋住宅楼对应的 23 组单开道岔和 1 组交叉渡线及前后轨道。

试车线减振方案

距离试车线盖上建筑 15m 内的轨道（含道岔）以及前后各延长 30m 的轨道采取减振措施，实施范围包括 14 栋住宅楼对应的轨道（含 1 组 9 号道岔）。考虑到试车线运行速度较快，并且在广州地铁 5 号线鱼珠车辆段试车线上已成功试铺梯形轨枕，目前已运营五年，轨道状态良好，因此本工程试车线采用梯形轨枕方案。

出入段线减振方案

出入段线两侧无敏感点建筑，因此在出入段线附近不采取减振措施，方案均无变化。

库内线减振方案

维持原初步设计方案，库内扣件采用高弹性垫板。

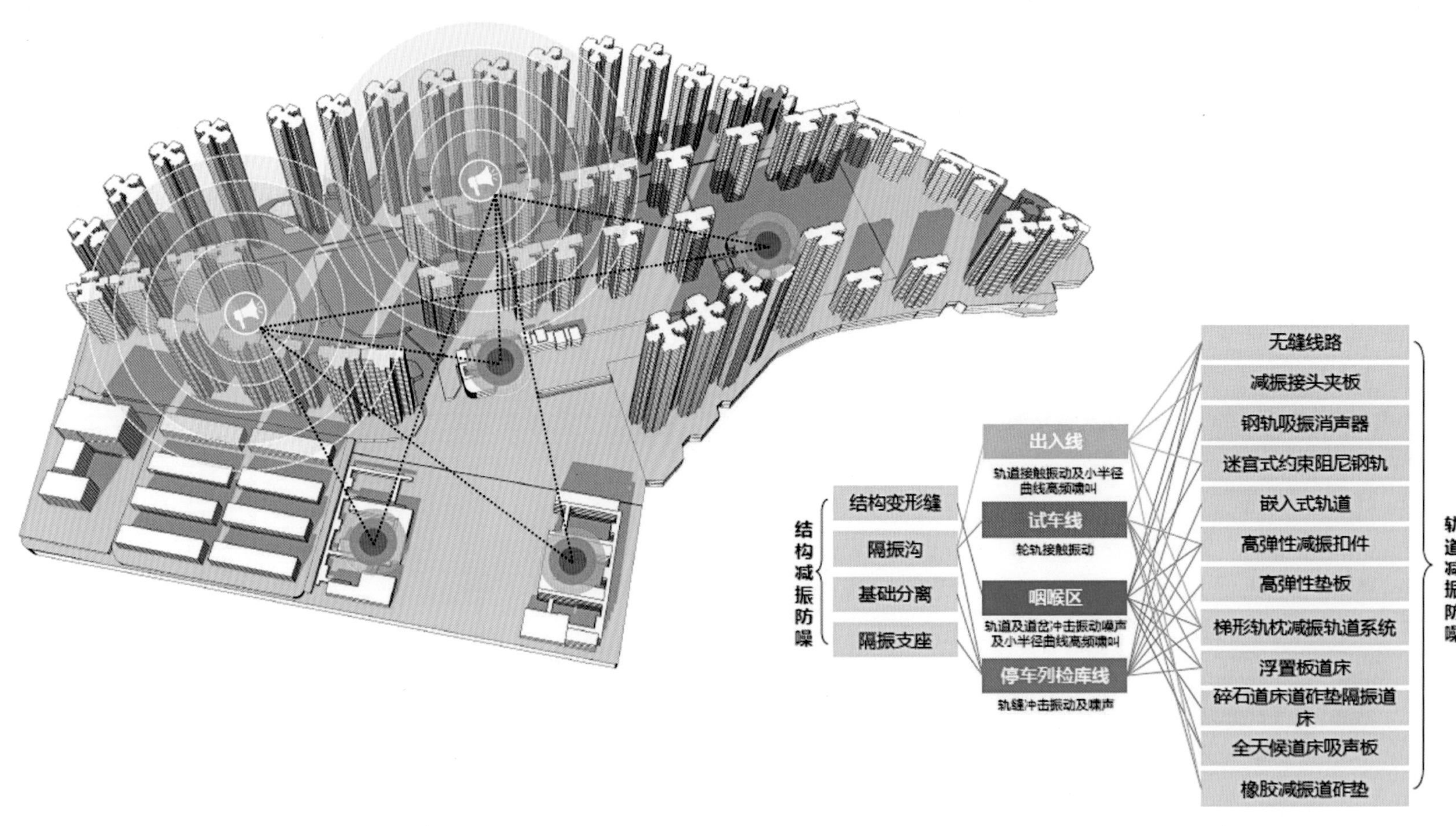

试车线通过路径示意

对于降噪的处理措施

因盖下生产需要，如盖下试车线、风机、列车、冷却塔等会产生一定的噪声，对于上盖开发居住的舒适度会产生一定的影响，除了采取轨道减振的措施外，可以采取其他措施降低影响。

如盖下试车线、风机、列车等声源的位置在早期设计阶段可采取措施进行减弱，如增加声源与物敏建筑的距离，以及增加隔声墙体等，对于顶部排烟口等空气传声的口部也可通过增加墙体分隔等措施进行减弱。

多数车辆段中均配备综合楼，屋面相应设置的冷却塔也应注意布置，尽量规避居民楼，避免成为噪声源。

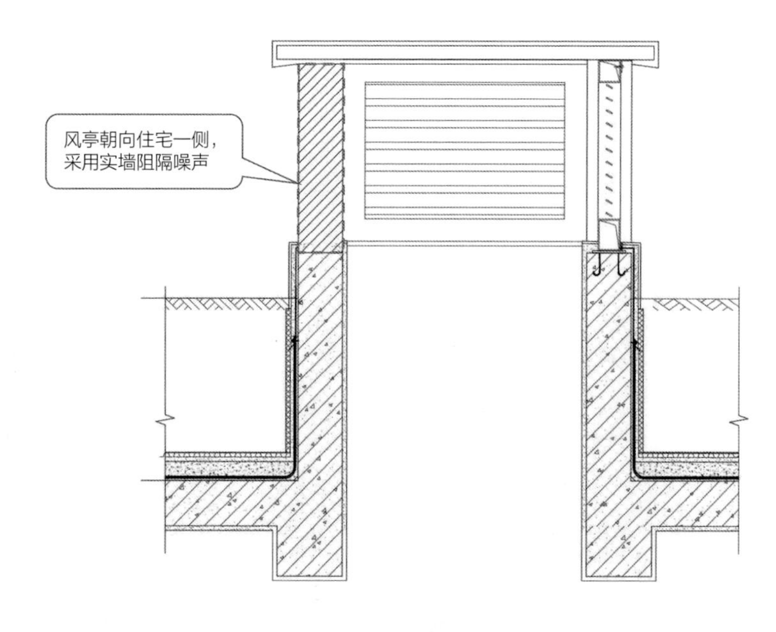

通风口部的降噪处理方法

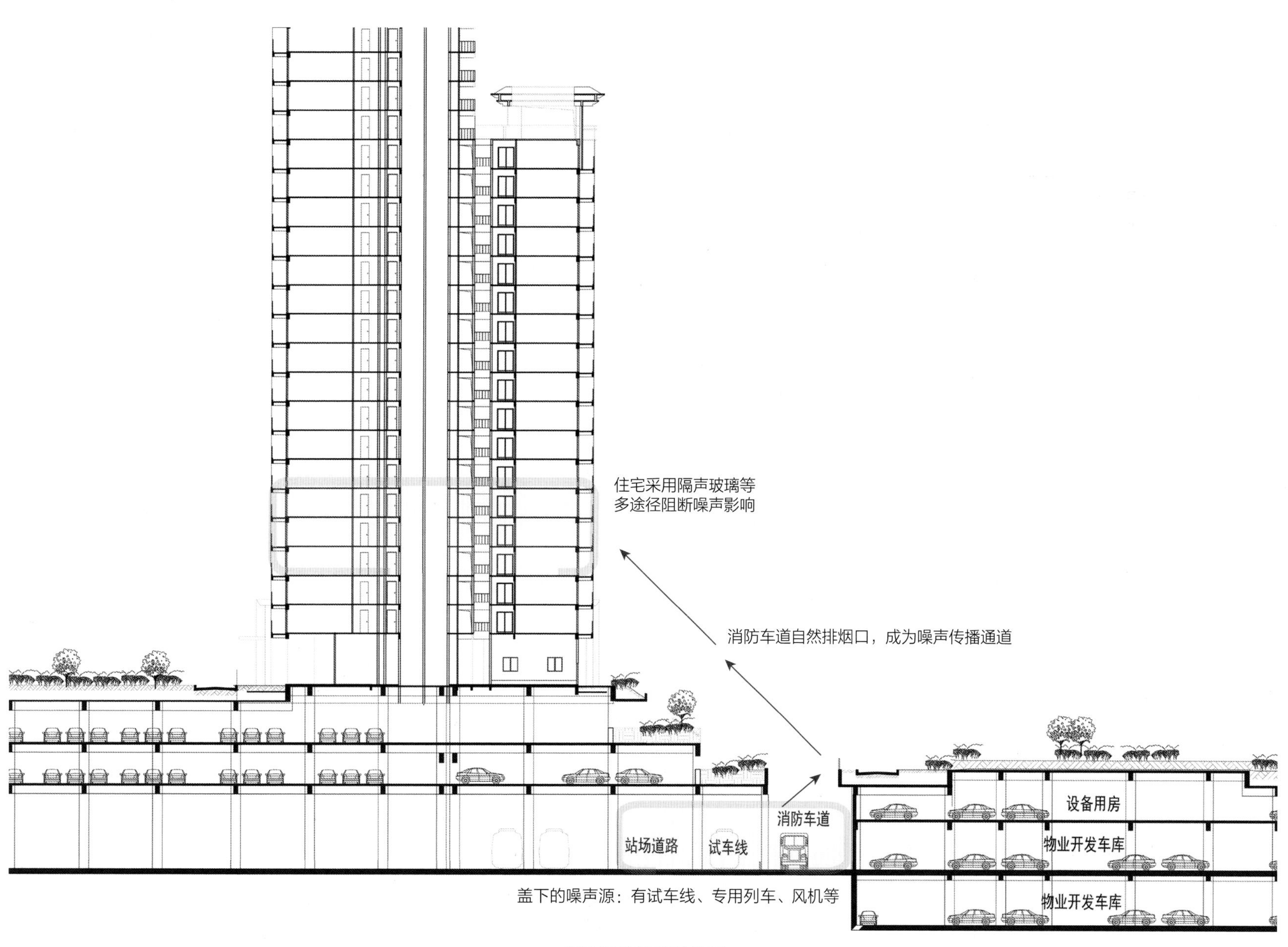
住宅采用隔声玻璃等
多途径阻断噪声影响
消防车道自然排烟口，成为噪声传播通道
设备用房
消防车道
站场道路
试车线
物业开发车库
物业开发车库
盖下的噪声源：有试车线、专用列车、风机等

盖下噪声传播的路径

设计思考

4.1 TOD 政策
4.2 一体化设计
4.3 施工组织
4.4 降本增效

4.1 TOD 政策

2015 年 12 月，住房和城乡建设部印发《城市轨道沿线地区规划设计导则》，推进轨道交通沿线地区地上与地下整体发展。2020 年 1 月，自然资源部编制《轨道交通地上地下空间综合开发利用节地模式推荐目录》，以引导各地在实施轨道交通地上地下空间综合开发过程中，进一步提高土地利用效率。

2021 年《广州地铁 TOD 综合开发白皮书》诠释广州地铁从 1992 年单站开发开始的 30 多年不断摸索 TOD 开发的思路和历程，本项目是广州市轨道交通沿线土地储备规划的首批综合开发项目，其工作路线如下：

1. 首批土地储备综合开发试行工作

（1）规划引导，储备先行；

（2）TOD 开发同步“规划、设计、建设”；

（3）政策统筹，专业协调。

2. 土地整理平台完成带方案出让

2017 年《广州市轨道交通场站综合体建设及周边土地综合开发实施细则》公布，为广州 TOD 发展提供编制方法和审批流程方面的指导和支持。

本项目在广州 TOD 政策支持下完成了开发“三同步”，确定开发用地分类，权责分明，并对 TOD 场段综合开发的出让条件设置明确要求。

3. 有关技术标准的支持

目前上盖开发技术尚未形成体系，由于开发时间长，技术规范不断更新迭代，项目设计受到影响，建议尽快推动 TOD 综合开发技术标准制定，统一指导上盖综合开发建设。

TOD 持续发展的思考

伴随着国内地产市场的饱和，TOD“轨道 + 物业”综合开发更需要审慎决策、精准定位、细化经济测算。TOD 模式“契合城市发展”“可持续发展”的底层逻辑并不曾改变，需要思考的是已有的 TOD 模式经验是否能够回应当前的城市问题?

从政策的更新来看,《“十四五”全国城市基础设施建设规划》强调轨道交通对职住空间的支撑作用。2022 年 7 月，国家发展改革委出台“十四五”新型城镇化实施方案，在新型城镇推广 TOD 模式；2023 年交通运输部印发《加快建设交通强国五年行动计划》，构建以轨道为主的 TOD 发展格局，促进城市产业发展，打造职住平衡体系。“职住平衡”“新型城镇”“产业发展”等关键词逐渐凸显。

从官湖项目建成后使用评价来看，在“职住平衡”和“带动就业”方向达到了预期的效果。在内部微循环 + 外部强联系方面，内部循环效果良好，但是教育、商业等对周边的带动和联系尚需持续发展。

基于项目开发现状，我们认为可持续综合开发策略为：通过强化慢行系统与周边地铁站的连接，引导居民低碳出行；采用开放式居住区的管理，做到真正的无界社区，加强社区城市公共服务设施对周边的辐射作用，提升区域的城市公共服务水平。

通过实践我们体会到伴随 TOD 的发展转型和策略更新，需要各方群策群力：

(1) 各城市应结合自身发展情况，制定和完善引导 TOD 发展方向的细则。

(2) 轨道交通相关的企业，也需要根据实践经验，在土地政策、开发模式、开发收益等方面给予意见反馈和技术支持。

(3) 完善顶层设计、回应城市问题、更新实施路径，使 TOD 产品升级迭代，更好地适应新的需求，实现国土空间与交通协同发展，实现交通领域“双碳”目标。

社区主入口

城市界面、商业与无障碍的空间一体化设计

消防排烟口与高差退台、景观的一体化设计

4.2 一体化设计

TOD是自上而下与城市规划系统接轨的研究“流程+跨界整合”的多专业综合平台，将轨道资源与城市其他发展资源进行高效整合从而实现价值提升的产品，需要相关利益主体在从城市顶层设计到项目建设运营的全过程中，进行合理有序的协作才能顺利推进，通过项目反思，提出一体化设计统筹要素：

（1）注重“源头策划”，厘清各阶段推进路径；

（2）重视TOD属地性和实操性：TOD项目各地政策、条件不一，建议由真正具有TOD项目落地实操经验的顾问团队，牵头承担统筹轨道交通与物业开发建设双线并进实施，预见问题少走弯路，有效解锁TOD建设难题；

（3）一体化设计：鉴于TOD项目周期长、条件复杂、专业多、协调难度大的特点，将整体工作按轨道交通建设时序推进阶段进行分解、逐步推进，并开展规划、空间、交通、市政、物业开发一体化的设计工作，高效整合资源，有力推动TOD建设发展；

（4）逐段有序推进，合理规避风险：采用“统一谋划、分期开工”的策略，主动分解、约定各阶段的工作目标，实现本阶段目标后再发下一阶段全部或部分工作的开工任务，注意分期接口的统一管理，减少实施风险。

一体化教育组团在盖上的整合及对盖下的衔接

车辆段与消防车道、盖上车库立面的一体化设计

4.3 施工组织

车辆段上盖开发项目大部分为接近百万平方米的超大型项目，本项目约 136 万 m^2，分期建设时间跨度大，因此在项目设计过程中既要考虑项目本身的设计特点，同时也要考虑项目的实施问题。

关于上盖开发不同工况下的设计思考：

从项目实施的周期来看，项目面临盖下车辆段投入运营、上盖物业开发存在交付区以及施工区等多种工况共存的情况，因此在设计阶段要相应兼顾不同的状况，对盖下的工艺、运营安全要求应该有一定了解，在设计前期通过调整盖板边线、交通组织等，统筹考虑盖下运营的人行、车行流线，盖上交付区以及施工区域人行、车行如何分别组织；在盖上实施过程中，还需采取相应措施保证盖下车辆段道路人行和车行以及地铁设施的安全。因此要求施工团队须具备专业的开发技术及成熟的实施经验。

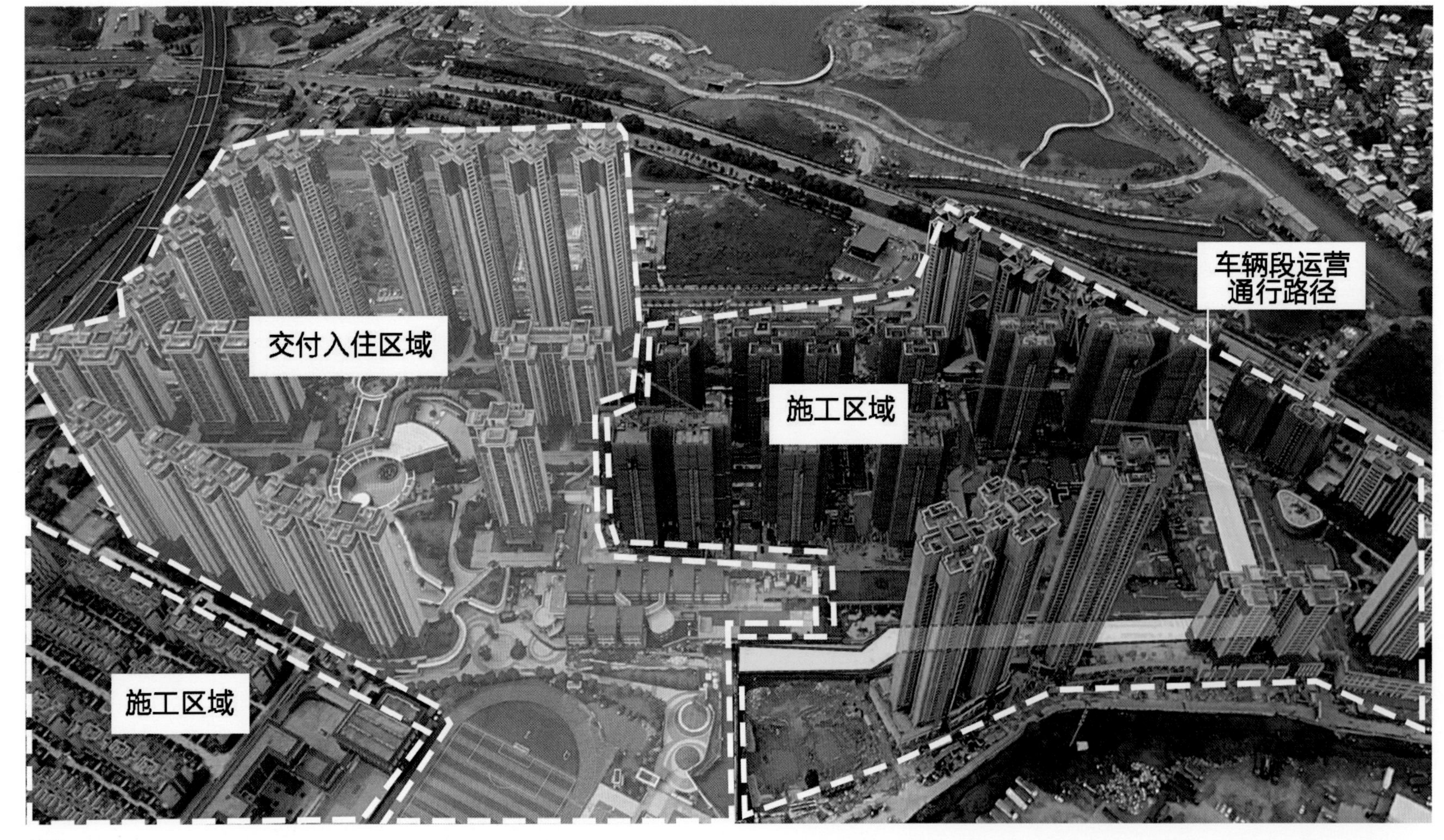

在上盖实施开发过程中，应根据盖板所在的咽喉区、运用库以及检修库等不同的区域，考虑不同施工组织方案，并根据盖板边线、变形缝、盖板原预留的排烟孔洞、预留结构柱等采取不同的施工工艺及施工防护措施，如在设计阶段提前进行统筹考虑，能更好地降本增效，减少施工成本及难度。

盖板边线：在一级开发阶段，在用地红线内，车辆段盖板的实施边线与盖下工艺要求有关，既要满足盖下工艺、运营安全要求，又要兼顾二级规划方案的实施要求，最终确定一级开发盖板的实施边界。实施过程中，盖板边缘下方为盖下实际已投入运营的区域，如咽喉区、出入段线、车道等，二级开发在盖板边缘外侧的车辆段范围上方进行施工则需采取较大成本的防护措施，并且对盖下的运营造成较大影响，因此建议根据二级开发的设计方案，盖板的实施范围应适当外扩，或二级开发在设计上适当内缩一定距离，以此作为二级开发实施的防护边界，如图所示。

变形缝：变形缝下方设置了不锈钢接水槽，将渗漏的雨水排走。本项目原设计的变形缝缝宽 120mm，变形缝两侧的结构柱净宽最小处约为 400mm。此结构柱间的净宽过窄，对原结构的实施以及变形缝底部的接水槽实施带来了较大的施工难度，同时在二次开发中，对于需按平地面考虑的地方，变形缝的破除也有较大难度。因此建议变形缝两侧结构柱应当拉开距离，保证结构及接水槽的实施效果。在兼顾停车的前提下，两侧结构柱可各按挑板 1300mm 考虑，则柱间净宽在满足 2400mm 车位净宽的同时，也可保证施工的误差满足车位的尺寸要求，带来更高的空间使用效益。

盖板排烟孔洞：当盖板预留的排烟孔洞需进行二次改造至二级开发园林完成面以上时，建议风亭不靠近结构柱布置。因为二级开发结构柱实施过程中，需对原结构柱进行破除。若风亭侧壁与原结构柱合并设置，则在破除原柱头时，避免不了风亭侧壁的破坏，引起盖下空间渗漏水。按照现有施工经验，建议风亭实施位置距结构柱尽量不小于 1m。

盖下车辆段外侧

精准预留的盖上车库柱网

铝模施工现场

叠墅薄覆土顶板的变形缝控制

自然通风的车库侧壁及绿化装饰

4.4 降本增效

从概念方案初期到落地实施方案，是一个连续的总结和提升过程。通过对设计方案不断优化、迭代，更好地保证了项目的经济效益，总结出很多值得借鉴的降本增效措施：

（1）尽可能利用盖板建造车库，能有效减少白地地下室开挖，减少地下室建造成本，以及地下室侧壁和底板防水材料的使用；

（2）通过多方案比选后，精准控制盖板车库预留柱网，能显著提高车位指标以及车库的经济效益；

（3）利用盖上退台进行公共建筑、车库的疏散以及采光通风，能有效减少建造成本；

（4）根据不同的标高对地下室顶板进行细分，有效形成级差以及采用结构找坡，能在保证管线预埋要求的前提下有效控制覆土厚度；

（5）排水系统利用车辆段盖板形成的竖向落差，因地制宜跌级排水，管线系统与车辆段完全独立，在不影响地铁车辆基地安全运营的前提下，实现了盖上排水系统可靠、安全、节能运行。

不同区域顶板标高精细控制、结构找坡

广州地铁
越秀集团

结　语

官湖项目从筹备到实施，历经6年多的时间。这6年的时间，凝结着地铁集团与政府部门、业主、施工单位等各单位的协作与努力。项目的建成带动了基础建设，使周边焕然一新，项目也成为新塘镇的一张名片。其独特的TOD优势和宜居的设计、优越的配套，使其住宅和商铺等产品极具市场竞争力。

官湖项目的成功实施，也离不开盖下车辆段站场设计的配合与支持。从设计端到施工端，盖上与盖下齐头并进、协作包容、高效和谐。项目组通过多次的设计回访，关注车辆段使用后的采光、通风排烟、交通、噪声等各方面的使用感受和存在的问题，探讨优化策略。

官湖项目在广州“轨道+物业”的TOD发展模式指导下先行先试，探索了一条可行的路径，为其后如雨后春笋般出现的上盖物业开发提供了借鉴。我们将对TOD发展模式持续探索，紧跟时代发展，继续深耕沉淀。

感谢各方政府部门、企业单位、协会团体对项目的关注、支持与指导。